物 理 入 門

茨城大学名誉教授
工学博士

浦 尾 亮 一 著

裳 華 房

INTRODUCTION TO PHYSICS

by

Ryoichi URAO, Dr. Eng.

SHOKABO

TOKYO

序

　以前に，高等学校で物理を学習してきた学生としてこなかった学生双方が聴講している教室で，物理の基礎を教えなければならない機会に遭遇した．確か講義は物理学という題目であったが，教えることが，物理を学習してきた学生にも得るところがあり，初めて学習する学生にも理解できるものである必要がある．大きな書店等を歩き回り適当な教科書を探したが，入門用の基礎的内容をもち，理論の点でも整った教科書で，物理の知識のあるなしにかかわらず興味のもてる書は見つからなかった経験がある．そこで，仕方なく教科書なしで講義を始めた．しかし，聴講している学生に黒板の説明だけで物理を理解してもらうことは，宿題等により補ってはみたが，どうしても難しいと感じた．私自身，講義を終えても満足感は残らなかった．

　それから数年，また学生に物理の入門的講義をしなければならない機会が生じた．今度は，半年以上の準備期間があった．本書は原著者 荒川三男二先生（元 茨城大学教授）が書かれた書をもとにつくられたものである．原著者は他界されていたので，ご親戚の方に会って原著に筆を加えることの了承を得，原著の一部を加筆修正すると共に，図表を整理し，言葉使いを現代調に直し読みやすくした．なお，原著の魅力を極力残したいと思ったので，修正はできるだけもとの雰囲気が残るような範囲にとどめたつもりである．一読して頂ければ，物理学がどのようにして創られてきたかが理解できるのではないかと思う．また，本文中や図のキャプション中に，法則等が世に出された年代を記し，巻末には付表として年表を付けた．参考にして頂けたらと思う．

　これから物理学を学ぼうとする人，物理学とはどのような学問であるか知りたい人，物理学の世界に足を踏み入れた人，これまで物理学に興味のもて

なかった人などすべての人が一読し，物理学に対する新鮮さとおもしろさを感じて頂ければ幸いである．

　本書を出版するに当って，茨城大学工学部 市村 稔，篠嶋 妥 両先生，裳華房編集部の小野達也氏より親切なご助言，ご訂正を頂いたことを厚く御礼申し上げる．

　2000年　星の美しい日に

著　者

目　　次

1章　運　動

1. いろいろな運動

1.1 直線運動・・・・・・・・2
1.2 等速円運動・・・・・・・5
1.3 単振動・・・・・・・・・8
考えてみよう・・・・・・・10

2. 力と加速度

2.1 力と加速度・・・・・・・11
2.2 質量・・・・・・・・・・14
2.3 振り子・・・・・・・・・15
2.4 見かけの力・・・・・・・17
考えてみよう・・・・・・・18

3. 万有引力

3.1 遊星の運動・・・・・・・20
3.2 万有引力・・・・・・・・22
3.3 キャベンディッシュの実験・24
3.4 地球の質量と太陽の質量・25
3.5 惑星の軌道の乱れ・・・・26
考えてみよう・・・・・・・27

4. 運動量とエネルギー

4.1 力積・・・・・・・・・・28
4.2 仕事・・・・・・・・・・29
4.3 運動のエネルギー・・・・30
4.4 万有引力のする仕事・・・31
4.5 力学的エネルギーの保存・33
考えてみよう・・・・・・・35

5. 質点系

- 5.1 質点系の運動量 ・・・・・・ 36
- 5.2 重心とその運動 ・・・・・・ 38
- 5.3 質点系の角運動量 ・・・・・ 39
- 5.4 剛体の運動 ・・・・・・・・ 41
- 考えてみよう・・・・・・・・・ 43

6. 波動

- 6.1 横波と縦波 ・・・・・・・・ 44
- 6.2 回折 ・・・・・・・・・・・ 46
- 6.3 波の重ね合せ ・・・・・・・ 47
- 6.4 ドップラー効果 ・・・・・・ 49
- 考えてみよう・・・・・・・・・ 52

2章 熱

7. 熱膨張と状態変化

- 7.1 温度計 ・・・・・・・・・・ 54
- 7.2 気体の膨張 ・・・・・・・・ 55
- 7.3 熱量と比熱 ・・・・・・・・ 56
- 7.4 気体と液化 ・・・・・・・・ 57
- 考えてみよう・・・・・・・・・ 60

8. 熱と仕事

- 8.1 内部エネルギー ・・・・・・ 62
- 8.2 現象の可逆性と不可逆性 ・・ 64
- 8.3 熱機関の効率と熱力学温度 ・ 65
- 8.4 エントロピー ・・・・・・・ 67
- 考えてみよう・・・・・・・・・ 68

9. 分子運動と熱

- 9.1 化学反応と分子 ･････70
- 9.2 分子量と原子量 ･････71
- 9.3 気体の分子運動 ･････73
- 9.4 統計力学 ･･･････76
- 考えてみよう･････････77

3章　電気と磁気

10. 静電気

- 10.1 クーロンの法則･････80
- 10.2 電界と電位･･････81
- 10.3 導体･･････････83
- 10.4 誘電体･･････････85
- 考えてみよう･････････87

11. 電流

- 11.1 金属内の電流･･････88
- 11.2 溶液内の電流･･････90
- 11.3 起電力･･･････93
- 考えてみよう･････････95

12. 磁界

- 12.1 磁石････････････96
- 12.2 電流と磁界･･････97
- 12.3 磁界が電流におよぼす力 ･100
- 12.4 電流の間にはたらく力 ･･102
- 考えてみよう ･･･････103

13. 変化する電界と磁界

- 13.1 電磁誘導･･････105
- 13.2 交流･･･････････108

13.3 交流回路のコイルと
    コンデンサー ・・・・109
13.4 変位電流 ・・・・・・・・111
考えてみよう ・・・・・・・・112

14. 電気振動と電波

14.1 電気振動 ・・・・・・・・114
14.2 電波の発生 ・・・・・・115
14.3 電波の性質 ・・・・・・116
14.4 ラジオ ・・・・・・・・・118
考えてみよう ・・・・・・・・121

4章 光

15. 光の反射・屈折・分散

15.1 光の反射と屈折 ・・・・124
15.2 フェルマーの原理 ・・・127
15.3 光の分散 ・・・・・・・128
15.4 スペクトル ・・・・・・129
考えてみよう ・・・・・・・131

16. 光の波動性

16.1 干渉 ・・・・・・・・・132
16.2 回折 ・・・・・・・・・134
16.3 偏光 ・・・・・・・・・135
考えてみよう ・・・・・・・139

17. 光の速度

17.1 真空中の光速度 ・・・・140
17.2 物質中の光速度 ・・・・142
17.3 マイケルソン - モーレーの
    実験 ・・・・・・・・143
17.4 マイケルソン - モーレーの
    実験結果に対する解釈 ・145
考えてみよう ・・・・・・・147

18. 相対論

18.1 基本要請 ・・・・・・・148
18.2 時間と空間の相対性 ・・・150
18.3 速度の合成 ・・・・・・・152
18.4 相対論的力学 ・・・・・153
考えてみよう ・・・・・・・・・154

5章 物　質

19. 電子とイオン

19.1 電気素量 ・・・・・・・・156
19.2 真空放電 ・・・・・・・・158
19.3 陽極線と同位元素 ・・・・159
19.4 荷電粒子の加速装置 ・・・160
考えてみよう ・・・・・・・・・162

20. エネルギー量子

20.1 温度放射と量子仮説 ・・・163
20.2 光電効果 ・・・・・・・・165
20.3 X線 ・・・・・・・・・・166
20.4 電子の波動性 ・・・・・・168
考えてみよう ・・・・・・・・・170

21. 原　子

21.1 ラザフォードの原子模型 ・171
21.2 スペクトル系列 ・・・・・173
21.3 ボーアの理論とパウリの原理
　　　・・・・・・・・・・・・174
21.4 量子力学へ ・・・・・・・177
考えてみよう ・・・・・・・・・178

22. 分子と結晶

22.1 気体の分子 ・・・・・・179
22.2 結晶解析 ・・・・・・・180
22.3 結合力 ・・・・・・・・182
22.4 格子欠陥 ・・・・・・・184
　　 考えてみよう ・・・・・187

23. 原子核

23.1 一般的性質 ・・・・・・188
23.2 放射能 ・・・・・・・・189
23.3 核の構成要素 ・・・・・192
23.4 結合エネルギー ・・・・193
　　 考えてみよう ・・・・・195

24. 素粒子

24.1 素粒子の検出装置 ・・・196
24.2 宇宙線 ・・・・・・・・198
24.3 素粒子の性質 ・・・・・200

付　表 ・・・・・・・・・・・・・・・・・・・・204
解　答 ・・・・・・・・・・・・・・・・・・・・207
索　引 ・・・・・・・・・・・・・・・・・・・・216

1章 運動

1. いろいろな運動　　　　　*2*
2. 力と加速度　　　　　　*11*
3. 万有引力　　　　　　　*20*
4. 運動量とエネルギー　　*28*
5. 質点系　　　　　　　　*36*
6. 波動　　　　　　　　　*44*

1 いろいろな運動

　物体の運動を考えるときに，物体の位置のみを問題とし回転を無視してもよい場合は，その物体を**質点**といい，質量をもった1つの点として取扱うことができる．もともと，質点を考えるのは問題を簡単にするためであって，実際の物体の大きさとは直接の関係はない．たとえば，地球が太陽を周るときの運動が問題であれば，地球のような大きな物体でも質点と見なしてよい．質点の運動を調べることは，実在している物体の運動を調べる基礎となるものである．

　質点の運動状態を表すために，通常われわれは次の3つの事柄を問題にする．物体は，

① ある時刻にどこにいるか．どんな道を通るか．
② どの方向にどれだけの速さで動いているか．
③ 動く方向や速さは変らないか．変るとすると，その変化する割合はどうか．

　運動の方向と速さを合わせ考えた量を**速度**といい，速度が時間に対して変化した量を**加速度**という．ここでは，いろいろな運動について，速度や加速度がどうなるかを調べてみよう．

1.1 直線運動

　物体が直線上を運動する場合は運動の方向が決まっているので，比較的簡単である．図1.1のように，時刻 t_1 における質点の位置を x_1，時

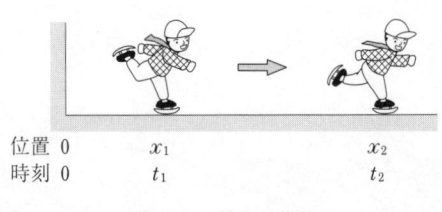

図1.1 質点の移動

刻 t_2 での位置を x_2 としたときに，

$$\bar{v} = \frac{x_2 - x_1}{t_2 - t_1} \tag{1.1}$$

$\bar{v}$ をその質点の時間 $t_2 - t_1$ での**平均の速度**という．ここで，$t_2 - t_1 > 0$ で x_1 と x_2 は正および負の値をとるとする．v の上の ¯ は平均の意味である．(1.1) で $\bar{v}$ の値が正のときは図 1.1 で右方向へ向かう速度を，負のときは左方向へ向かう速度を表す．

時間 $t_2 - t_1$ をいくらにしても $\bar{v}$ の値が一定のときは，$\bar{v}$ を単にその運動の速度とよんでよい．では，時間 $t_2 - t_1$ のとり方によって $\bar{v}$ の値が異なるときは，速度をどのように決めたらよいであろうか．

時間 $t_2 - t_1$ を短くとると，それに応じて $x_2 - x_1$ の値も小さくなる．これらのごく小さい量を表すために，よく $\varDelta t = t_2 - t_1$, $\varDelta x = x_2 - x_1$ という記号が用いられる．$\varDelta$ はギリシア文字で，デルタと読む．$\varDelta x$ と $\varDelta t$ との比 $\varDelta x / \varDelta t$ の値は $\varDelta t$ の間の平均の速度である．いま，$\varDelta t$ をどんどん小さくしてみよう．ゼロではないが，ゼロとみても差し支えないほど小さくする．そうすると，$\varDelta x / \varDelta t$ の値はある定まった値に近づいていく．その値を時刻 t における**速度**と決める．このように $\varDelta x$ と $\varDelta t$ を極限まで小さくすることを dx/dt と書き，速度の大きさ（速さ）v は

$$v = \frac{dx}{dt}$$

となる．速度および速さの単位としては，毎秒何 m (m/s)，または毎秒何 cm (cm/s) が用いられる．

物体の速度が時々刻々変化するときには，速度が時間と共にどのような割合で変化するかを求めることができる．先に示した平均の速度の場合と同様にして，時刻 t_1 の速度を v_1，時刻 t_2 の速度を v_2 とすると，時間 $t_2 - t_1$ の間の**平均の加速度**は

$$\bar{a} = \frac{v_2 - v_1}{t_2 - t_1}$$

と表せる．$t_2 - t_1$ のとり方の如何にかかわらず，$\bar{a}$ の値が常に一定値 a になるときには，物体は a の加速度をもっているといい，この運動を**等加速度運動**という．$\bar{a}$ の値が $t_2 - t_1$ のとり方によって異なるときには，$t_2 - t_1$ を限りなく小さくとって，

$$a = \frac{dv}{dt} = \frac{d\left(\dfrac{dx}{dt}\right)}{dt} \equiv \frac{d^2x}{dt^2}$$

を時刻 t における**加速度**と定める．$a > 0$ のときは，質点の速度が次第に増加する運動，$a < 0$ のときは，質点の速度が次第に減少する運動となる．加速度を表す単位は，毎秒毎秒何 m（m/s²），または毎秒毎秒何 cm（cm/s²）である．

　自然に落下する物体，すなわち落体の運動は等加速度運動の一つの例である．落体の運動が等加速度運動であることは，時間と落下距離との関係を実測してみるとよくわかる．等加速度運動の場合の時間と速度の関係は図 1.2 のようになる．ただし，始め物体は静止しており，速度はゼロであるとする．時刻 t のときの速度を v とすると，その間に物体の進んだ距離 x は，平均の速度 $(v+0)/2$ で t 秒間に進んだ距離に等しいので

$$x = \frac{v}{2} t \qquad (1.2)$$

ところで，加速度は

$$a = \frac{v - 0}{t - 0} = \frac{v}{t} = 一定 \qquad (1.3)$$

となるので，(1.2), (1.3) より v を消去すると

$$x = \frac{1}{2} a t^2 \qquad (1.4)$$

となる．この式は，等加速度運動をしてい

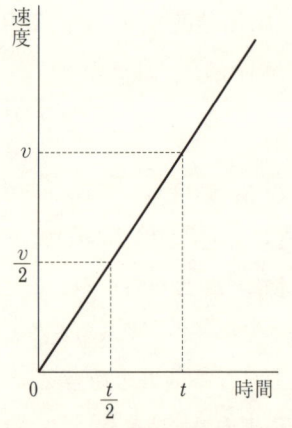

図 1.2 等加速度運動をしている物体の速度と時間の関係

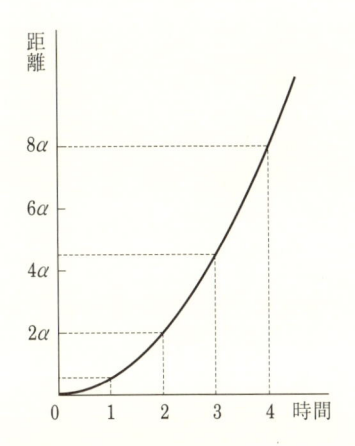

図 1.3 等加速度運動をしている物体の移動距離と時間の関係

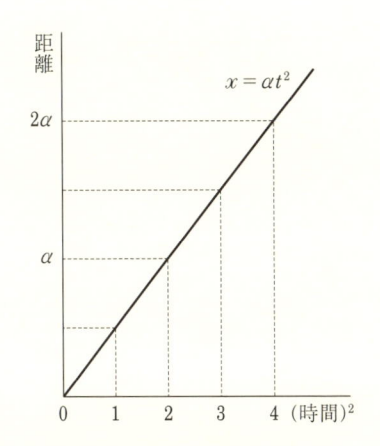

図 1.4 等加速度運動をしている物体の時間の 2 乗に対する移動距離の関係

る物体が移動する距離は時間の 2 乗に比例することを表している．したがって，移動した距離と時間の関係を測れば，その運動が等加速度運動であるか否かがわかることになる．

図 1.3 は (1.4) の関係を示している．実験の結果が (1.4) と一致するかどうかを調べるには，図 1.3 よりも，図 1.4 のように t^2 と x との関係を図示するとよい．図のように等加速度運動であれば直線となり，その傾きから加速度の大きさが求まる．

地球上で石や金属球の落ちるときの加速度，すなわち**重力加速度**の大きさは約 $9.8\,\text{m/s}^2$ である．一般に，この値を記号 g で表す．

1.2 等速円運動

物体が 1 つの円周上を一定の速さで周る運動を考えよう．この運動を**等速円運動**という．等速円運動では，物体の速さは常に等しいが，運動の方向が絶えず変るので，速度は絶えず変化している．

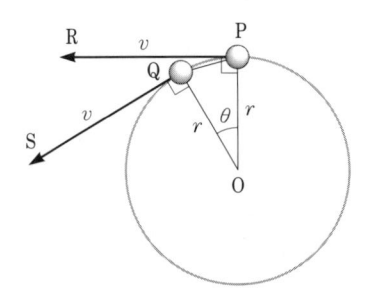

図1.5 等速円運動をしている物体の速度

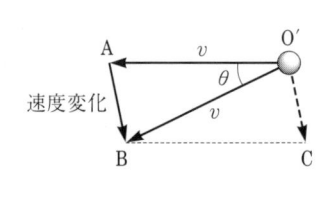

図1.6 図1.5における速度と加速度の関係

物理学では速度のように大きさ（速さ）と方向をもった量がたくさん現れる．このような量を**ベクトル量**という．ベクトル量は矢印で表すことができる．直線運動の場合は運動の方向が一定しており，その向きだけを＋および－で区別すればかった．しかし，等速円運動の場合は常に運動の方向が変化するので，加速度は次のようにして求められる．図1.5の等速円運動で，物体が点Pにあるときの速度の方向は点Pにおける円の接線の方向である．速さをvとすると，速度は図のPRで示される．同様に，点Qでの速度はQSである．いまPからQまで物体が運動するのに$\varDelta t$秒かかったとし，その間に物体の受けた速度の変化を次のように求める．まず，図1.6に示すように，PRに平行に，かつ等しくO'Aを引く．次に，O'からQSに平行に，かつ等しくO'Bを引く．このときABが速度の変化である．同図にみるように，この関係はABに平行に，かつ等しくO'Cをとり，O'AとO'Cとを2辺とする平行四辺形を作ると，変化後の速度O'Bがその対角線として求められることを示している．このように，ベクトル量として表せる量は**平行四辺形の法則**として合成したり分解したりできる．

さて，△OPQと△O'ABとは相似なので，

$$r : \mathrm{PQ} = v : \mathrm{AB}, \quad \therefore \quad \mathrm{AB} = \frac{v \cdot \mathrm{PQ}}{r}$$

ここで，r は円の半径である．時間 Δt が小さくなるに従って，Q は P に近づき AB の大きさは小さくなる．Δt が十分小さくなったときの AB/Δt の極限値が点 P における加速度の大きさである．このとき，弦 PQ の代りに弧 PQ を用いることができる．なお，弧 PQ は $v \cdot \Delta t$，また AB は加速度 a であるから，

$$a = \frac{\text{AB}}{\Delta t} = \frac{v(v \cdot \Delta t)}{r \cdot \Delta t} = \frac{v^2}{r} \tag{1.5}$$

となる．また，加速度の方向は Q が P に限りなく近づいたときの O'C の方向であるから，結局 PO の方向になる．すなわち，等速円運動の場合には加速度の大きさは円の半径と速さで決まり常に一定であるが，加速度の方向は絶えず変化し，常に円の中心に向かっている．(1.5) は加速度の大きさを表しているが，方向も含めて表すには，

$$\boldsymbol{a} = -\frac{|\boldsymbol{v}|^2}{|\boldsymbol{r}|^2}\boldsymbol{r} = -\left(\frac{v}{r}\right)^2 \boldsymbol{r} \tag{1.6}$$

と書く．太文字はベクトル量を示す．$\boldsymbol{v}$ はベクトル量であるが，その 2 乗はベクトル量ではなく，大きさは v^2 に等しい．$\boldsymbol{r}$ の方向は円の中心（原点）O から円周上に向かっているとする．右辺の－符号は，$\boldsymbol{a}$ の向きと $\boldsymbol{r}$ の向きとが反対であることを示している．

円運動では，速さの代りに角速度を用いることもできる．**角速度**とは，単位時間（1 秒間）に変化した角度である．円の半径を r として，角度を**弧度**（**ラジアン，rad**）で測ると，弧の長さ x と角 θ との間には，

$$x = r\theta$$

の関係がある．速さと角速度 $\omega (= d\theta/dt)$ の間には，

$$v = \frac{dx}{dt} = r\frac{d\theta}{dt} = r\omega$$

の関係がある．等速円運動では，角速度は一定である．

1.3 単振動

等速円運動と関係の深い運動に単振動といわれるものがある．単振動は物理学全体を通じてよく使われる重要な運動である．図1.7は等速円運動と単振動の関係を示す図である．物体Pが等速円運動をしているとき，任意の直径AB上にPから垂線を下ろし，その足をQとすると，このときの点Qの運動が単振動である．

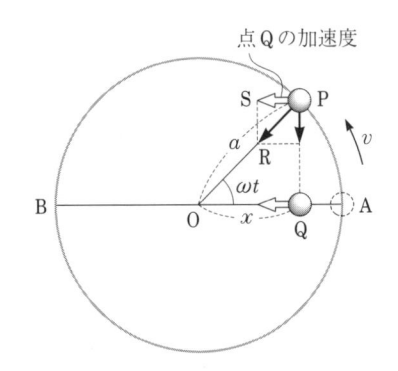

図1.7 等速円運動と単振動の関係

円の半径をaとし，点Pが点Aから出発すると，t秒後には$\angle$POAはωtとなる．ここでωは角速度である．このとき，点Qの位置を中心からの距離xで表すと

$$x = a \cos \omega t \tag{1.7}$$

となる．点Pが円周上を1回転，すなわち360°（$= 2\pi$ rad）回転するのに要する時間をTとすれば，

$$\omega = \frac{2\pi}{T} \tag{1.8}$$

これを (1.7) に入れると，

$$x = a \cos \frac{2\pi}{T} t \tag{1.9}$$

となる．

さて，点Qの運動からみると，aは中心Oから最も離れた点Aまでの距離であり（値は正），Tは点Qが1往復するのに要する時間である．

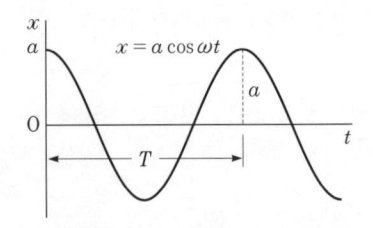

図1.8 図1.7における距離xと時間tの関係（式(1.9)の関係）

(1.9) は**単振動**を表す式で，a を**振幅**，T を**周期**という．x と t の関係は図 1.8 のようになり，時間の変化と共に x がどのように変化するかがわかる．周期の逆数は単位時間に往復する回数であり，これを**振動数**という．また，$2\pi t/T$ を**位相角**または**位相**という．

次に，図 1.7 で点 Q の加速度を求めてみよう．点 P の加速度 PR を AB に平行な方向と AB に垂直な方向に分ける．AB に平行な成分 PS は点 Q の加速度に等しい．PR の大きさは (1.6) より v^2/a となるから，点 Q の加速度の大きさ α は，

$$\alpha = \frac{v^2}{a}\cos\frac{2\pi}{T}t$$

となる．これに $v = 2\pi a/T$ と (1.9) を入れると，

$$\alpha = \frac{\left(\frac{2\pi a}{T}\right)^2}{a}\cos\frac{2\pi}{T}t = \left(\frac{2\pi}{T}\right)^2 x$$

となる．ところで，点 Q が O から右の方にあるとき，すなわち $x > 0$ のときは点 Q の加速度は左に向かい，$x < 0$ のときは，加速度は右に向かう．この関係も含めて考えると，

$$\alpha = -\left(\frac{2\pi}{T}\right)^2 x \tag{1.10}$$

と表せる．(1.10) からわかるように，"物体が単振動を行うとき，その加速度は原点からの距離に比例する" のである．

バネで吊るされた物体の振動や，図 1.9 で θ があまり大きくないときの振り子の運動は，単振動の代表的なものである．

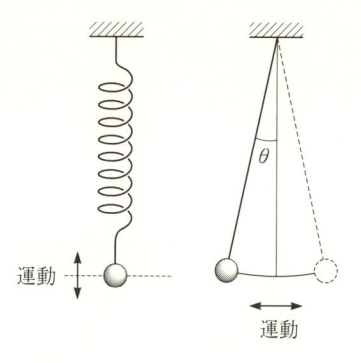

図 1.9 バネと振り子の運動

考えてみよう

[1] 初速度（$t=0$ のときの速度）v_0 の等加速度運動をしている物体を考える．
 (a) 時間と速度の関係を表すグラフ（図1.2）はどのようになるか．
 (b) 距離と時間の関係を表す式（1.4）はどのように書きかえられるか．

[2] 物体が半径 1.5 m の円周上を毎秒 2 回の割合で回転しているとき，物体の加速度はいくらか．

[3] 単振動をしている物体 Q について，図1.7を用いて考えよう．ただし，振幅を 0.2 m，周期を 0.5 s とする．
 (a) この物体が中心点 O を通過するときの速さはいくらか．
 (b) この物体が点 A から運動を始めて 0.1 s 経ったときの位相はいくらか．

2 力と加速度

昔，アリストテレス（紀元前 384-322）は運動を3種類に分けて，運動が起こる原因を次のように説明したと伝えられている．
① 地上の物体の運動
物体に一定の速さを与えておくには，一定の力が必要である．
② 物体の落下運動
物体が地面に向かって落ちるのは，大地が宇宙の中心だからである．放置しておけば，どんなものでも地面に向かって運動するはずである．物体にはすべて固有の場所があり，重いものは下に，軽いものは上に位置する．
③ 天体の持続運動
天体は地上の物体とは性質が本質的に違い，運動を持続するのに必要な力を自分自身の中にもっている．

はたして，天体と地上の物体とは性質が本質的に違うのだろうか．ここでは，力とは何か，力と物体の運動との間にはどのような関係があるか，等について考えてみよう．

2.1 力と加速度

力は始め筋肉の受ける緊張感によってその大小が判定されたが，客観的な意味をもたせるためには，これとは別の方法で測らなければならない．その一つの方法に"バネ"を用いる方法がある．われわれが物体を図 2.1(a)のように左右から引っ張るとき，手はそれぞれ力を出していると感じながらも物体は動かないことがある．このとき，2つの力は互いにつり合っていると

いう．

　一方，図(b)のように，手の代りにバネを用いてつり合わせることができる．このとき，バネは幾分か伸びている．そして，手の引く力を増すと，バネの伸びは増大する．そこで，バネの伸びがあまり大きくない範囲では，バネの出している力はバネの伸びに比例すると仮定し，その伸びによって力を測るのである．

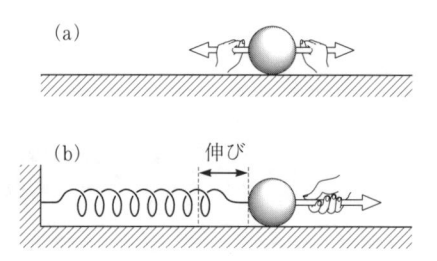

図2.1 力のつり合い

　図2.2のように物体を吊るすと，バネは伸びる．したがって，バネは物体を上向きに引いている．それにもかかわらず物体は静止しているのであるから，物体にはバネによる力とは逆向きで大きさの等しい下向きの力がはたらいていると考えられる．では，この力は何が出しているのであろうか．われわれは地球が引張っていると考える．しかし，地球は直接物体には触れていない．このように空間を通してはたらく力はほかにもあり，磁石が鉄を引く力等も同じである．地球が物体を引く力を**重力**といい，この重力を通常われわれは物体の重さ，または重量という．物体にはたらく重力は，地球上の狭い範囲では場所に関係なく一定と見なしてよい．

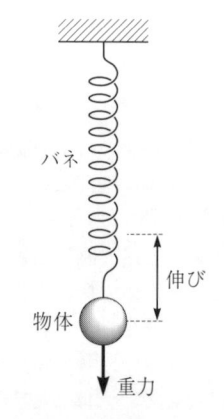

図2.2 物体にはたらく重力とバネの伸び

　次に，物体にはたらく力と物体の運動の関係をいくつかの例について考えてみよう．

> ①　床の上の物体を手で押せば，物体は押された方向に動き出す．すなわち，その方向の速度が増加する．いいかえれば，力の方向に加速度を生じる．

② 床の上に投げ出された物体の速度は次第に減少する．このとき，物体には手を離れる瞬間まで手の力が加えられるが，その後は手からの力ははたらかない．しかし，物体は床から運動を妨げる力，いわゆる摩擦力を絶えず受ける．このとき物体の加速度は負であり，物体が床から受ける摩擦力の方向と一致している．

③ 物体を吊っているバネが切れると，物体は地面に向かって加速度運動をする．このとき，重力が絶えず物体にはたらいていると考えられる．

④ 物体に等速円運動をさせるには，物体にひもを付けて振り回せばよい．このとき，手はひもを通して物体を中心の方へ引いている．そして先に述べたように，等速円運動の加速度は中心に向かっている．

これらの例から，一般に，物体に力がはたらくと物体は加速度を受け，力の方向と加速度の方向とは一致することがわかる．また，"物体に力がはたらかなければ，物体はその速度を変えない"ということができる．物体のもつこの性質を**慣性**といい，この**慣性の法則**はガリレイ（Galilei，イタリア）によって初めて明らかにされた．円運動の途中でひもが切れると，物体は円の接線方向へ飛んでいくが，これも物体の慣性によるものである．

"地上の物体に一定の速さを与えておくには一定の力が必要である"としたアリストテレスの考えでは，力は人や動物の筋肉の力によるものだけで，摩擦力はまだ力の中に含まれていなかった．まして，離れてはたらく重力の存在に思い至らなかったのも無理ないであろう．なお，摩擦力がはたらいているときでも，摩擦力と反対方向にはたらく他の力との和がゼロであれば，物体は等速度運動をする．

力の大きさと加速度の大きさとの関係を求めるために，次のような実験をしてみよう．図2.3のように斜面上に物体を置くと，バネの伸びは鉛直に吊るしたときより小さくなる．これは，物体にはたらいている重力 W を斜面に平行な成分と斜面に垂直な成分に分けたときに，斜面に平行な成分のみが

斜面に沿って物体を動かそうとしているためであると考えるとよい．これからもわかるように，力もベクトル量であり，平行四辺形の法則によって合成と分解をすることができる．

物体を斜面の途中から放すと，物体には絶えず一定の力が斜面に沿ってはたらき続ける．このとき，物体が斜面を滑り落ちる距離は時間の2乗に比例する（式（1.4）の説明参照）．これは次のようにもいえる．"物体に一定の力がはたらくとき，物体の加速度は一定である"．斜面の傾きをいろいろ変えると物体にはたらく力は変化するが，同じ物体では，これにはたらく力と加速度とは比例する．一般に，"物体にはたらく力と加速度は比例する"．

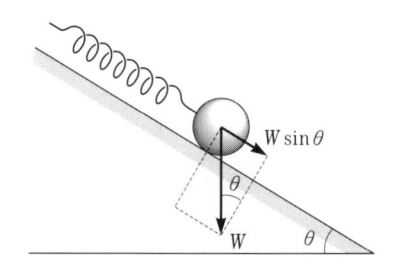

図 2.3 斜面上の物体にはたらく力

2.2 質 量

力を f，加速度を a とすれば，前節よりわかるように，物体にはたらく力と加速度は比例するので，

$$f = ma \tag{2.1}$$

と書くことができる．ここで，m はそれぞれの物体に固有の量で，物体の**慣性質量**という．

(2.1) は重力に限らずあらゆる力に対して用いられる．また，力の大きさが変化するような場合にも，それぞれの瞬間においては成り立つと考えられる．(2.1) を**ニュートンの運動方程式**といい，この関係を**ニュートンの運動の法則**（Newton，イギリス，1687）という．

地球上の同一の場所で重力に比例する量として，物体の**重力質量**を定義する．ここで，地球上の同一の場所とことわったのは，物体にはたらく重力は，地面から高く昇ると減少し，また極付近より赤道付近の方が小さくなる，と

いうように，場所によって異なるからである．重力質量を m'，重力を W とすると，

$$W = m'g \tag{2.2}$$

である．ここに，g は物体に無関係な比例定数である．(2.2) の W は (2.1) の力 f に対応するので，W を f に代入すると落体の加速度が求まる．

$$a = \frac{m'}{m} g \tag{2.3}$$

もし，すべての物体について自由落下するときの加速度が完全に等しいならば，慣性質量と重力質量を等しいとおくことができる．そして，そのときの加速度が g に等しくなる．紙片や羽毛のような物体も，空気を除いたガラス管中ではほとんど同時に落下することが実験で示されている．

慣性質量と重力質量が相等しいことはいろいろな方法で実験され確認されているので，いまでは両者を区別する必要はなく，単に**質量**とよんでいる．

初めの頃，標準としての質量に，4°Cで体積 1 l（リットル），すなわち 1/1000 m³ の水が選ばれ，これを 1 kg（キログラム），その 1/1000 を 1 g（グラム）といった．1885年に 10 % のイリジウムを含む白金の合金 1 kg を用いてキログラム原器が作られた．現在，国際度量衡局（セーブル，フランス）に保管されている．最近の測定結果では 1 l，4°C の水の質量は 0.999972 kg である．

質量の単位と加速度の単位が定まれば，運動の法則を用いて力の単位を決定することができる．1 kg の物体にはたらいて 1 m/s² の加速度を生じさせる力を 1 N（ニュートン）という．

2.3 振り子

物体の運動がわかっていれば，それから速度と加速度を計算し，運動の法則を用いて物体にはたらく力を求めることができる．また逆に，物体にはたらく力がわかっていれば，物体の加速度が直ちに求められ，それによって物

体がどのような運動をするかがわかる．

一例として，振り子の運動を考えよう．図2.4において，質量 m の質点にはたらく力は重力 W と糸の張力 R である．W は mg に等しい．W を円周に垂直な方向の成分 Q と円周の接線方向の成分 P とに分けると，物体は $P = mg \sin \theta$ によって接線の方向に加速度を受けることになる．ここで，$R - Q$ は中心 C に向かう加速度を物体に与え，円運動をさせている．接線方向の加速度を a とすれば，運動方程式は，

$$ma = -mg \sin \theta \tag{2.4}$$

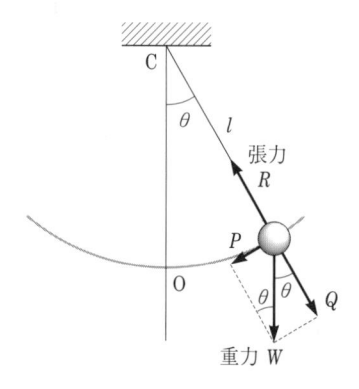

図2.4 振り子の運動

となる．右辺の $-$ の符号は，力が平衡点 O に向かっていることを示す．

(2.4) は次のように書きかえられる．

$$a = -\frac{g}{l} l \sin \theta$$

l は振り子の糸の長さである．θ を極めて小さい範囲に限定すれば，$l \sin \theta$ は O を通る水平線上の O からの距離 x に等しいと見なすことができる．すなわち，

$$a = -\frac{g}{l} l \sin \theta \approx -\frac{g}{l} x$$

となり，加速度 a は中心からの距離 x に比例し，常に O に向かってはたらくので，振り子は単振動をすることがわかる．周期 T は，(1.10)と比較して，

$$T = 2\pi \sqrt{\frac{l}{g}} \tag{2.5}$$

となることがわかる．この結果からわかるように，振り子の周期は振り子の振幅にも質量にも無関係である．また，振り子の周期を測定することによっ

て，その場所の重力加速度 g を求めることができる．

2.4 見かけの力

　ニュートン力学では，力は物体間の相互作用として現れる．すなわち物体 A に力がはたらくとき，その力を出している物体 B が必ずある．物体 B は物体 A に直接接触していることもあるし，また遠く離れていることもある．われわれの経験によれば，力を出している物体 B も，力を受けている物体 A から力を受ける．物体 B の出してる力を作用とよぶとき，物体 A の出している力を反作用という．作用，反作用のよび方はとりかえてもよい．

　　　"作用があれば同時に反作用があり，作用と反作用は一直線上
　　　にあって，大きさが等しく，向きが反対である．"

これを**作用・反作用の法則**という．**慣性の法則をニュートンの運動の第 1 法則，運動の法則を第 2 法則，そして作用・反作用の法則を第 3 法則**ということもある．

　さて，以上に述べた運動の法則はどんな観測者についても成り立つのであろうか．これまでは，暗黙のうちに静止している観測者について考えていたのである．

　次に，特殊な場所にいる観測者 A の場合を一二考えよう．駅を出発したばかりの列車内の A は滑らかな床の上に置かれた物体が列車の進行方向と逆の方向に加速度を受けることを目撃する．したがって，物体に力がはたらいていると考える．しかし，それは物体間の相互作用によるものではない．そこで A は，その力は"見かけの力"であると判断する．物体が静止しているためには"真の力"が見かけの力と反対方向にはたらいて互いに打ち消し合わなければならない．もし吊りなわが切れて落下しているエレベータ内に A がいれば，重力と見かけの力がつり合って，物体は A に対して静止している．このとき，A は無重力の状態を経験するであろう．また，回転板上に A がいて，物体と共に地面に対して等速円運動をしており，物体には

18　2. 力と加速度

ひもを通して力がはたらいているとする．Aに対して物体は静止しているので，Aは，"見かけの力"（遠心力）がはたらき，それがひもの張力とつり合っていると考える．もしひもが図2.5の点Pで切れれば，物体はAに対してPQのような運動をする．このとき，Aは遠心力のほかにさらに他の"見かけの力"（コリオリの力）がはたらいていると判断するのである．

　ニュートンの運動の法則の成り立つ基準系（実験室系といってもよい）を**慣性系**という．慣性系でない基準系では，見かけの力を補足して初めて，運動の法則は"質量と加速度の積が力に等しい"という形に表されるのである．

　地上にとった基準系は厳密にいうと慣性系ではないが，短い時間中の問題を取扱う限り，慣性系と見なしてよい．

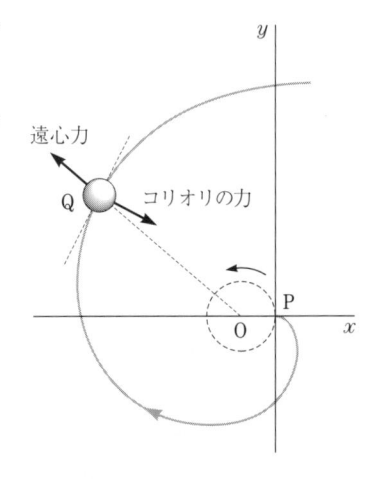

図2.5　見かけの力

考えてみよう

[1] 次の問について考えてみよう．
　（a）　質量500 kgの自動車が半径100 mの円軌道を時速72 kmで走るとき，自動車にはたらく向心力はいくらか．
　（b）　この向心力は何によって与えられるか．
[2] 長さ1.0 mの振り子が20秒間に10回振動したとすると，その場所の重力による加速度はいくらか．

[3] エレベーターに乗っている人にはたらく力について，次の問に答えよ．
 （a） 静止しているエレベーターに乗っている人にはたらく力を挙げよ．
 （b） それらの力の反作用をそれぞれ挙げよ．
 （c） エレベーターが上昇を始めるとき，人にはたらく力はどう変るか．
 （d） また，それらの力の反作用はどう変るか．

3 万有引力

　天体の運動に運動の法則を適用することによって，天体間にはたらく力を求めることができる．さらに進んで，それからすべての物体間に存在する引力（万有引力）の法則が導かれる．ここに，物理学が体系づけられていく典型的な事例を見出すであろう．

3.1 遊星の運動

　星の運動ほど古来より人類の興味をそそり，驚異の的であったものはないであろう．夜空にばらまかれた限りない星を見つめるとき，星が北極星を中心として整然と円運動をしているのは壮観である．それらの中に，極めて少数ではあるが，隊列を離れてさまよい歩いている気まぐれ者がいる．これらを古代の人々は遊星といった（現在の惑星に当る）．図3.1は遊星の一つである火星のあるときの運動を示している．また，円運動をしている星は恒星に相当する．古代の人々は球または円こそ完全なものであると

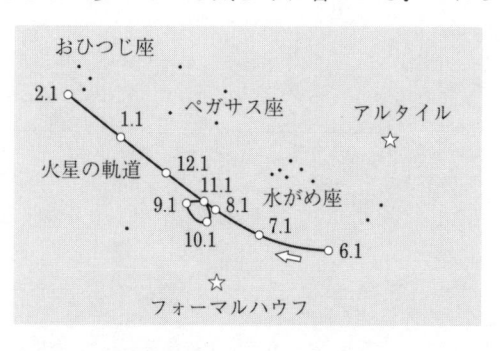

図3.1 火星の動き

3.1 遊星の運動

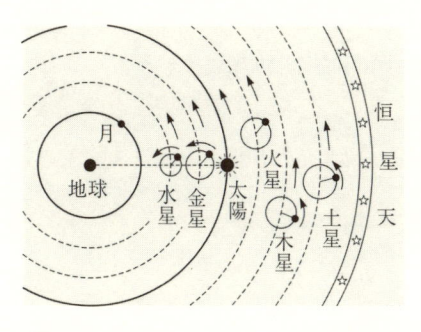

図3.2 プトレマイオス(ギリシア, 140年頃)の遊星系

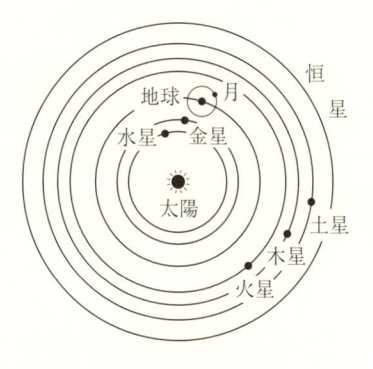

図3.3 コペルニクス(ポーランド, 1473年生まれ)の遊星系
地球は自転と公転をする．離心円, 回転円をも考えた．

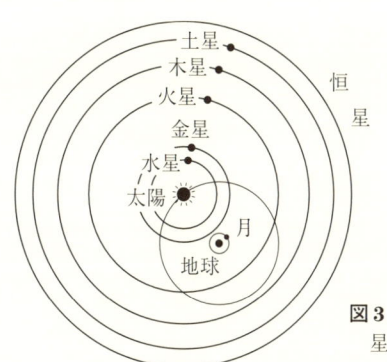

図3.4 ティコ・ブラーエ(1587年)の遊星系
星の軌道に卵形を用いた．

考え，遊星の軌道をこれらの組合せによって表そうと試みた．図3.2〜3.4はそれらの試みの例である．

ケプラー（Kepler, ドイツ, 1609〜1619）は，彼の師ティコ・ブラーエ（Tycho Brahe, デンマーク）の長年にわたる観測をもとにして，遊星の運動を次の3つの法則にまとめることができた（ケプラーの法則）．

① 図3.5のように，遊星は楕円軌道上を運行しており，その焦

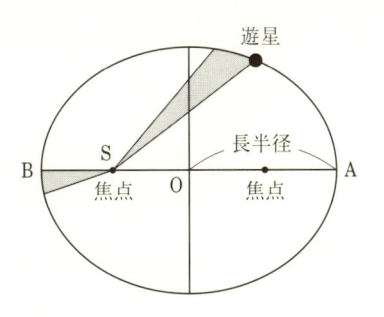

図3.5 ケプラーによる遊星の運動

点の一つに太陽がある．

② 太陽と遊星とを結ぶ動径が一定時間に描く面積はそれぞれの遊星について一定である．

③ 遊星の運動の周期の2乗と軌道の長半径の3乗との比はすべての遊星について同じ値である．

3.2 万有引力

遊星（以下，惑星という）はどうしてこのような運動をするのであろうか．惑星の軌道は円運動に非常に近いので，簡単のために，ここでは惑星の運動を太陽を中心とする円運動とみて，この問題を取扱うことにする．すると，ケプラーの第2法則から，惑星は等速円運動をしていることになる．運動の法則によれば，物体が等速円運動をするためには，中心に向かう力（**向心力**）がはたらいていなければならない．その大きさは（1.6）と（2.1）より，

$$f = m\frac{v^2}{r} \qquad (3.1)$$

である．ここで，rは惑星の円運動の半径，vは速さ，mは質量である．円周の長さは$2\pi r$であるので，周期をTとすると，

$$v = \frac{2\pi r}{T} \qquad (3.2)$$

これを（3.1）に代入すれば，

$$f = 4\pi^2 m \frac{r}{T^2} \qquad (3.3)$$

ところで，ケプラーの第3法則によれば，

$$T^2 = kr^3 \qquad (3.4)$$

が成り立ち，kはすべての惑星に共通な定数である．（3.3）と（3.4）から，

$$f = \frac{4\pi^2 m}{kr^2} \qquad (3.5)$$

となる．すなわち，惑星にはたらく力は距離rの2乗に反比例するのであ

る．楕円運動の場合にも，計算は複雑になるが同じ結果が得られる．

さて，定数 k はすべての惑星について同じ値をとり，またすべての惑星が太陽の周りを回っているのであるから，

$$\frac{4\pi^2}{k} = GM \tag{3.6}$$

とおく．ここで，M は太陽の質量で一定で，G は定数である．(3.5) に (3.6) を代入すると，

$$f = G\frac{mM}{r^2} \tag{3.7}$$

となり，惑星には絶えずこのような力がはたらいていると考えられる．ところで，作用・反作用の法則によれば，惑星に GmM/r^2 の力がはたらくと共に太陽にもまた GmM/r^2 の力がはたらいている．

さて，ニュートンの思索はここで大きく飛躍した．惑星と太陽との間ばかりでなく，

"あらゆる物体間には，質量の積に比例し，距離の2乗に反比例する引力がはたらく"

のではないだろうかと考えたのである．彼は早速 地球を回っている月の運動にこの考えを当てはめてみた．その結果は極めて良く観測結果と一致した．上の関係を**万有引力の法則**（1687年）といい，比例定数 G を**万有引力定数**という（(2.5) の説明参照）．

地球上の物体の重さは地球が物体におよぼす万有引力にほかならない．万有引力は質点と質点の間にはたらく．地球を球形で質点はその中心になるとすると，万有引力は地球の質点と地球上の物体との間にはたらく力に等しくなることが計算で示される．厳密にいえば，地球上にいるわれわれにとって，万有引力と地球の自転による遠心力の合力が物体の重さである．しかし，遠心力はそれが最も大きい値をとる赤道上でも万有引力の 0.5 % 以下である．

3.3 キャベンディッシュの実験

万有引力定数 G の値は惑星の運動だけからは求められない．これを求めるには，質量のわかっている地球上の2つの物体の間の引力を測る必要がある．通常の物体の間の引力は極めて小さいので，この測定は非常に困難である．いろいろな方法が試みられたが，正確な測定は1797年にキャベンディッシュ（Cavendish, イギリス）によって初めて行われた．

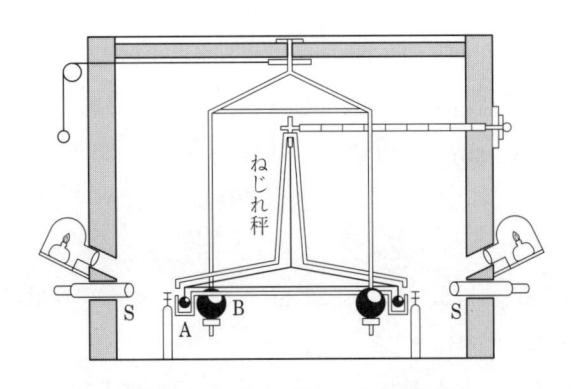

図3.6 キャベンディッシュの実験

図3.6のように，ねじれ秤に2つの小さい鉛球Aを吊るし，それらに大きい鉛球Bを近づけると，秤の横棒は水平面内で回転する．大きい鉛球Bを反対方向から近づけると，反対方向に回転する．このときの横棒の先端位置を望遠鏡Sで読む．鉛球Aに鉛球Bを近づけたための振れは両方の位置の差の半分である．

次に，大きい鉛球Bを遠ざけておき，ねじれ秤を少しねじって放し，その振動の周期を測定する．

この2つの測定から，ねじれ秤の両端にはたらいた力，すなわち，小さい鉛球と大きい鉛球の間にはたらく引力が求められ，したがって G の値が求められる．その後，多くの人々によって実験が行われたが，今日用いられて

いる万有引力定数 G の値は,
$$G = 6.67259 \times 10^{-11} \text{ N·m}^2/\text{kg}^2$$
である．

3.4 地球の質量と太陽の質量

万有引力定数の値がわかれば，これを用いて，地球の質量や太陽の質量が求められる．まず，地球の質量を M_e とすれば，地上にある質量 m の物体と地球の間にはたらく力は，
$$f = G\frac{mM_\text{e}}{r^2}$$
である．ここで，r は地球の半径である．一方，地上では物体は g の加速度を受けるので，
$$G\frac{mM_\text{e}}{r^2} = mg$$
とおくことができる．
$$g = 9.8 \text{ m/s}^2, \qquad r = 6.37 \times 10^6 \text{ m}$$
とおけば，
$$M_\text{e} = 5.96 \times 10^{24} \text{ kg}$$
となる．質量を体積 $4\pi r^3/3$ で割れば，平均密度が得られる．平均密度 ρ は，
$$\rho = \frac{3M_\text{e}}{4\pi r^3}$$
$$= 5.50 \times 10^3 \text{ kg/m}^3$$
となる．ところで，地表に近い岩石の平均密度は $2.5 \times 10^3 \text{ kg/m}^3$ であるから，地球の中心部は非常に大きい密度をもっていることになる．

次に，太陽の質量 M_s を求める．(3.4) と (3.6) において $1/k$ を求め等しいとおくと，次式が得られる．
$$\frac{1}{k} = \frac{r^3}{T^2} = \frac{G}{4\pi^2}M_\text{s} \qquad (3.8)$$

上式に，地球と太陽の中心距離

$$r = 1.49 \times 10^{11} \text{ m}$$

と地球の公転の周期

$$T = 3.16 \times 10^7 \text{ s}$$

を代入すれば，太陽の質量 M_s は次のようになる．

$$M_s = 1.96 \times 10^{30} \text{ kg}$$

3.5 惑星の軌道の乱れ

　惑星の軌道は厳密には楕円からわずかにはずれる．それは惑星には太陽の引力ばかりでなく，他の惑星からも引力がはたらくからである．1781 年に天王星がハーシェル（Herschel）によって偶然に発見されたが，その軌道は太陽からの力のほかに他の惑星からの力を考えても，なお理論値と一致しなかった．そこで，アダムス（Adams，イギリス）とルベリエ（Leverrier，フランス）はそれぞれ独立に未知の惑星の存在を予言した．1846 年にガレ（Galle，ドイツ）はルベリエが予言していた位置に新しい星，海王星を発見した．海王星の存在を考慮しても天王星の運動に説明しにくい点があったため，さらに未知の惑星の存在が考えられ，ついに，1930 年にトムボー（Tombaugh，アメリカ）が冥王星を発見した．

　万有引力の法則は惑星の運動を極めて正確に表すことができたが，ただ一つ例外があった．それは水星の近日点が非常にわずかであるが年を経るにつれて移動することである（100 年に 43 秒のずれ）．この現象は，1915 年にアインシュタイン（Einstein，ドイツ）によって出された一般相対性理論で説明された．

考えてみよう

[1] 太陽の質量は 2.0×10^{30} kg, 地球の質量は 6.0×10^{24} kg, 太陽と月との距離は 1.5×10^{11} m, 月と地球との距離は 3.8×10^{8} m である.

（a） 太陽が月におよぼす引力と地球が月におよぼす引力の比を求めよ.

（b） 太陽が月を地球から奪い取ってしまわないのはなぜか.

[2] 人工衛星を赤道面上で運動させるとき, 常に赤道上の定点の真上にあるようにするには, どれだけの高度で飛ばせばよいか. 月は地球の中心から地球の半径の 60 倍のところにあって, 27 日で地球を 1 周している. このことと比較して求めよ.

[3] 平均密度が ρ の惑星の表面すれすれに回る衛星の周期を T とすると, ρT^2 は一定であることを示せ（惑星の質量は実際にその衛星の運動から求められる）.

4 運動量とエネルギー

　運動の法則はいくつかの異なる形で表される．ここでは，その中の二つについて述べておこう．その一つは運動量を用いたものであり，他の一つはエネルギーを用いたものである．

4.1 力　積

　一定の力が物体にはたらく場合，運動の法則は加速度を a として，

$$f = ma = m\frac{v_2 - v_1}{t_2 - t_1}$$

となるが，これは次のように書きかえることができる．

$$f(t_2 - t_1) = mv_2 - mv_1 \tag{4.1}$$

質量と速度の積を**運動量**という．(4.1)の右辺は運動量の変化を表している．また，力とそれがはたらく時間の積 $f(t_2 - t_1)$ を**力積**という．力が一定でないときには，時間間隔をできるだけ短くしてその間の力積を出し，これらをベクトル的に加え合わせて全力積を求めなければならないが，一般に次のような結果が得られる．

　　　"力積は運動量の変化に等しい．"
これが，運動の法則の一つの形である．

4.2 仕 事

力積に対して，力と，力がはたらいた距離との積を考えてみよう．時間については方向を考える必要がないが，距離の場合には力の方向と関連して，どちらの方向に動いたかを明らかにする必要がある．距離と方向とを合わせて考えたベクトル量を**変位**という．ベクトル量を表すには，一般にゴシック体（太文字）が用いられる．

いま，図 4.1 に示すように，物体に $\overrightarrow{OA}$ の方向に f の力がはたらいて，その間に物体に $\overrightarrow{OB}$ の方向に s の変位を生じたとする．f を OB の方向の分力 f_x とこれに垂直な方向の分力 f_y とに分ける．このとき，力 f_x と変位 s との積を，力 f が物体にした**仕事**という．f と s のなす角を θ とすると，仕事 W は

$$W = f_x \cdot s = f \cos\theta \cdot s = fs \cos\theta \tag{4.2}$$

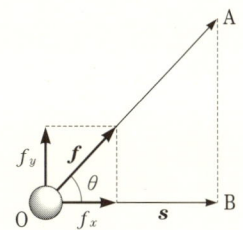

図 4.1 物体にはたらく力，変位と，仕事の関係

で表される．すなわち，変位とその方向の力の成分の積が仕事である．θ の大小によって仕事が負になったり，正になったりする．変位の方向が力に垂直なときは，$\cos 90° = 0$ となり，力は仕事をしない．等速円運動の場合の向心力はこの場合である．

力が変化したり，物体が曲線上を動くときには，変位をできるだけ小さくとって，この間にした仕事を求め，順次その値を（単に代数的に）加えてゆけば，全体の仕事が得られる．

1 N の力がはたらいて，その方向に物体が 1 m 動いたときの仕事を仕事の単位とし，1 J（**ジュール**）という．

図 4.2 から明らかなように，OC が**分力** OA と OB の**合力**であるとき，合力の任意の方向の成分は同方向の各分力の成分の和に等しい．すなわち，図

において，
$$OC' = OA' + OB'$$
である．いま，その方向の変位の大きさを s とし，両辺に s を掛けると
$$s \cdot OC' = s \cdot OA' + s \cdot OB'$$
となり，次の結果が得られる．

　　"合力のする仕事は，分力のする仕事の和に等しい．"

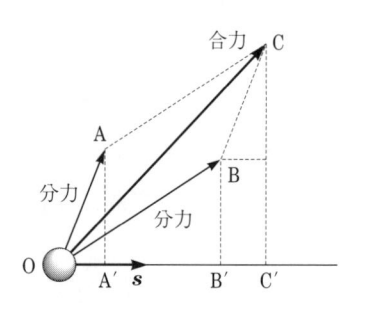

図4.2　合力と分力の関係

4.3　運動のエネルギー

さて，力積が運動量の変化に等しいのに対して，仕事は運動のどのような量と関係があるのだろうか．まず簡単のために，物体に一定の力がはたらいて物体が直線運動をしている場合について考えよう．物体の速さが始め v_1 で，s の距離動いたあとに v_2 に変化したとする．力 f は一定であるので，ニュートンの運動の法則によって加速度も一定である．

$$f = ma = m \frac{v_2 - v_1}{t_2 - t_1} \tag{4.3}$$

ところで，等加速度運動の場合，距離 s と時間 t との関係は，

$$s = \frac{v_2 + v_1}{2}(t_2 - t_1) \tag{4.4}$$

と書ける．力の方向と変位の方向とが一致しているので，仕事 W は
$$W = fs$$
となり，これに (4.3) と (4.4) を代入すると，

$$W = \frac{1}{2} m (v_2 - v_1)(v_2 + v_1) = \frac{1}{2} m v_2^2 - \frac{1}{2} m v_1^2 \tag{4.5}$$

となる．この式の右辺に現れてきた $mv^2/2$ を**運動エネルギー**という．運動エネルギーは物体の質量とその速度とから決まる量であって，常に正（ゼロ

も含めて）の値をとり，物体がどういう経過を経てこの状態に達したかには無関係である．

(4.5) は次のようにいい表すことができる．

"**質点に対して力がした仕事は，質点の運動エネルギーの変化に等しい．**"

物体にはたらく力が変化するときも，この関係は成立する．力のした仕事が負の場合には，物体が力に対して仕事をしたともいう．このとき，物体のもっている運動エネルギーは減少する．

科学史によれば，1644年にデカルトは，"運動物体の有する力"は物体の大きさと速さの積に等しいとして，これを運動量とよんだ．1686年にライプニッツは，それは物体の大きさと速さの2乗の積で測るべきであるとしてこれを"活力"とよび，デカルト派と論争した．この論争は，その後約60年の長きにわたって続いたという．これは全く力学概念のあいまいさと互いの誤解に基づくもので，いかに無意味であったか，これまでの解説で十分理解できたであろう．"活力"を $mv^2/2$ としたのはコリオリであり，またこれをエネルギーとよんだのはヤングである．

4.4 万有引力のする仕事

物体 P の付近に1つの質点 Q をもってくると，Q は P から万有引力を受ける．このように，力のはたらく空間を一般に**力場**という．特に，力が万有引力の場であるときは**万有引力場**という．

万有引力場にある質点が変位した場合に，万有引力が質点に対してした仕事を求めてみよう．簡単にする

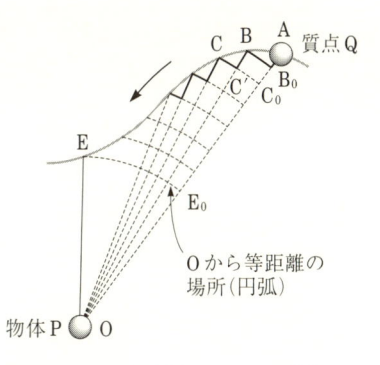

図4.3 万有引力場における質点の移動経路とその間にした仕事

ため，物体 P を質点 O とし，他の質点 Q が点 A から点 E まで図 4.3 の滑らかな曲線に沿って動いたとする．曲線の近くでジグザグの経路を考えると，質点が AB_0 を動いたときは万有引力は正の仕事をするが，P を中心とする円弧 BB_0 上を動いても仕事はしていない．BC' を動く間にした仕事は B_0C_0 を動く間にした仕事に等しい．ジグザグの刻みをできるだけ小さくすれば，滑らかな曲線を進んだ場合と同じと見なすことができる．よって，A から E まで質点が動いたときに万有引力がした仕事は，質点が A から E_0 まで直線に沿って動いたときにした仕事に等しい．

一般に，万有引力のように"質点に対してした仕事が経路の形に無関係であって，出発点と終着点の位置だけで定まる"とき，その力を**保存力**という．

距離と万有引力との関係は図 4.4 の曲線のようになる．無限遠から距離 r まで質量 m の物体を運ぶのに要する仕事は，各点における引力と動いた距離の積で求められるので，図の長方形の部分の面積を求めることにほかならない．計算の結果，仕事 W は，

$$W = G\frac{mM}{r} \quad (4.6)$$

となる．ここで，M は地球の質量である．

地球上の狭い範囲を考えると，重力は一定と見なしてよい．このとき，重力 mg のした仕事を図 4.5 を用いて考えると，

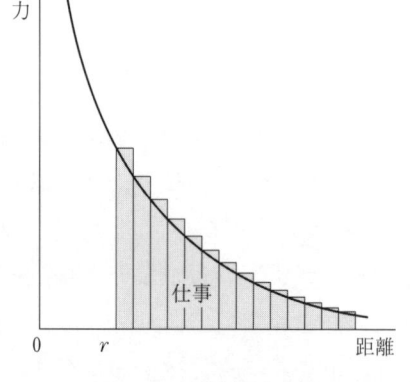

図 4.4 万有引力と仕事

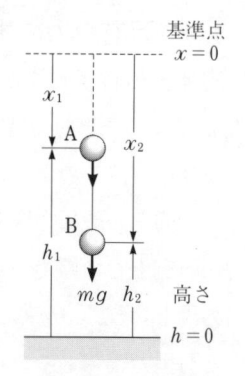

図 4.5 質点の移動と重力のした仕事

$$W = mg(x_2 - x_1) \qquad (4.7)$$
$$= mg(h_1 - h_2)$$
$$\therefore \quad W = mgh_1 - mgh_2 \qquad (4.8)$$

となる．

4.5 力学的エネルギーの保存

重力の場に質量 m の質点があって，点 A から点 B まで動いたときの重力のした仕事は常に

$$W = W_2 - W_1$$

の形に書き表される．ここで W_1 および W_2 は，物体が基準点から点 A および B まで動いたときに重力のした仕事である．

点 A および点 B における物体の速さを v_1 および v_2 とすると，力のした仕事は運動エネルギーの変化に等しいので，

$$W_2 - W_1 = \frac{1}{2} m v_2^2 - \frac{1}{2} m v_1^2$$

となる．ここで，

$$W = -U$$

とおき，上の式を移項して書きかえると，

$$U_1 + \frac{1}{2} m v_1^2 = U_2 + \frac{1}{2} m v_2^2 \qquad (4.9)$$

となる．この関係式は，$U + mv^2/2$ が質点の位置，およびそのときの速さで決まる量であり，この量は質点の位置が変化しても一定の値をもつことを示している．$mv^2/2$ は運動エネルギーなので，U も一種のエネルギーとみることができる．しかも，速さ等に関係なく位置のみで決まるので，これを **位置エネルギー** と名付ける．

地球の表面に近いところに限られる場合には，(4.9) は (4.8) を用いて，

$$mgh_1 + \frac{1}{2} m v_1^2 = mgh_2 + \frac{1}{2} m v_2^2 \qquad (4.10)$$

と書かれる．ただし，h_1 と h_2 は地球の表面からの高さである．

運動エネルギーと位置エネルギーを**力学的エネルギー**という．(4.9) は力学的エネルギーが一定に保たれることを示している．これを（力学的）**エネルギー保存の法則**という．力学的エネルギー保存の法則が成立することは，保存力の場の特徴である．

振り子の運動や滑らかな面上の物体の運動には糸の張力や面の抗力がはたらくが，これらの力は図 4.6 のように軌道の法線方向に絶えず向かっているので，その仕事はゼロである．そのため，このような場合にも力学的エネルギー保存の法則が成り立つ．

物体が面上を滑る場合，面が滑らかでなく摩擦力がはたらくときには，摩擦力は常に運動方向と反対の方向にはたらくので，その仕事は負になる．このとき，力学的エネルギーは減少する．この場合には，常に熱の発生が観測される．

エネルギーは力学的現象以外の現象においても考えられる．それらについては後に述べるが，エネルギー保存の法則はあらゆるエネルギーを考えたときにも成立するもので，あらゆる自然現象を貫く非常に重要な法則の一つである．

(a) 振り子の運動　　　　(b) 面上を動く物体の運動

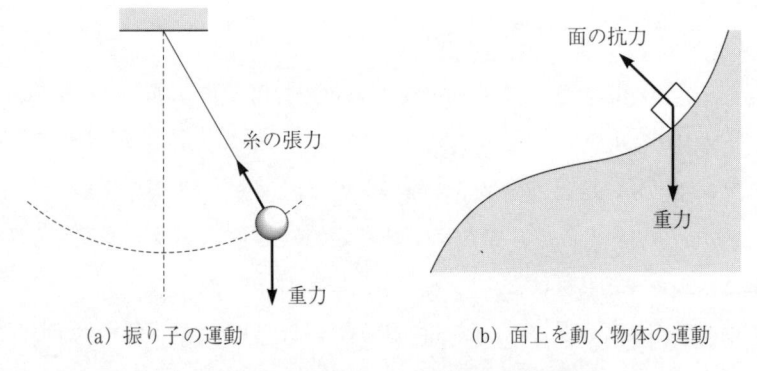

図 4.6　振り子と滑らかな面上を動く物体の運動

考えてみよう

[1] 質量 m kg の物体が高さ h m のところから床に向かって落下したときの運動について，次の問に答えよ．
(a) 床に達したときの速さはいくらか．
(b) この物体が床ではね返って h' m の高さまで上がったならば，床を離れたときの運動量はいくらか．
(c) 物体が床に衝突したとき，物体に与えられた力積はいくらか．

[2] 図 4.7 のように，床から L m の高さの天井に長さ l m の細い糸でおもりを吊るし，糸が鉛直な位置 OB と角 $60°$ をなす位置 OA でおもりを離した．
(a) おもりが B に来たときの速さはいくらか．
(b) おもりが B に来たときに糸が切れれば，おもりはその後どのような軌道を描くか．
(c) また，おもりが床に達したときの速さはいくらか．

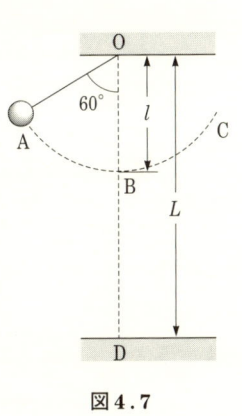

図 4.7

5 質点系

質点の集りを質点系という．物体はすべて質点系と考えられ，質点の結合状態の如何によって，気体，液体，固体の区別が生じる．一般に，質点系については，これから述べる重要な力学関係が常に成立する．

5.1 質点系の運動量

簡単にするために，質点系が図5.1のように2つの質点から成り，力はすべて同じ平面内にある場合を考える．ここで得られる結果は，多くの質点を含む場合にもそのまま適用される．

質点系内の質点相互間にはたらく力を内力といい，系外の物体から系内の質点にはたらく力を**外力**という．

質点1に対する運動方程式は

$$\left. \begin{array}{l} m_1 \dfrac{dv_{1x}}{dt} = X_1 + X_1' \\[4pt] m_1 \dfrac{dv_{1y}}{dt} = Y_1 + Y_1' \end{array} \right\} \quad (5.1)$$

である．ここに，v_{1x}, v_{1y} は速度 v_1 の x, y 方向の成分であり，X_1, Y_1 は外力の，X_1', Y_1' は内力のそれぞれ x, y 方向の成分で

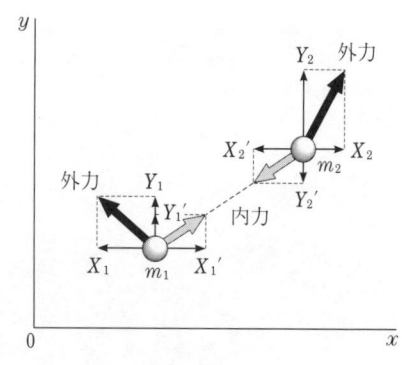

図5.1 質点系にはたらく力

ある．質点2についても (5.1) の添字1を2に代えた方程式が成立する．

2つの質点の相対応する式の辺々を加え合せれば，

$$m_1\frac{dv_{1x}}{dt} + m_2\frac{dv_{2x}}{dt} = (X_1 + X_2) + (X_1' + X_2')$$

$$m_1\frac{dv_{1y}}{dt} + m_2\frac{dv_{2y}}{dt} = (Y_1 + Y_2) + (Y_1' + Y_2')$$

となる．

ところで，作用・反作用の法則によれば，

$$X_1' + X_2' = 0, \qquad Y_1' + Y_2' = 0$$

したがって，

$$m_1\frac{dv_{1x}}{dt} + m_2\frac{dv_{2x}}{dt} = X_1 + X_2 \tag{5.2}$$

$$m_1\frac{dv_{1y}}{dt} + m_2\frac{dv_{2y}}{dt} = Y_1 + Y_2 \tag{5.2}'$$

となる．m_1 と m_2 は時間によって変化しないので，(5.2) と (5.2)' の左辺はそれぞれ

$$\frac{d}{dt}(m_1v_{1x} + m_2v_{2x}), \qquad \frac{d}{dt}(m_1v_{1y} + m_2v_{2y})$$

と書きかえられる．

質点の運動量の和をその**質点系の運動量**という．図5.2に示した $m_1v_{1x} + m_2v_{2x}$ は質点系の運動量の x 方向の成分である．よって，次のようにいうことができる．

"任意の方向の質点系の運動量の時間的変化率は，質点系の各質点にはたらく外力のみのその方向の成分の和に等しい．"

このようにして，内力は全く影を潜めてしまうのである．そして，"**質点系に外力**

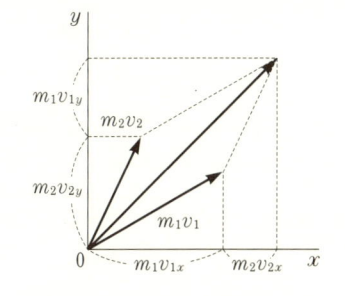

図5.2 質点のもつ運動量の和

が作用しなければ，質点系の運動量は変化しない"．これを**運動量保存の法則**という．

図5.3のように，速度 v_1 で一直線上を運動している質量 m_1 の物体1に，質量 m_2 の物体2が速度 v_2 で追突する場合を考えてみよう．この際，外力はゼロであるから，衝突前の運動量と衝突後の運動量とは等しい．衝突後の速度を v_1', v_2' とすれば，

$$m_1 v_1 + m_2 v_2 = m_1 v_1' + m_2 v_2'$$

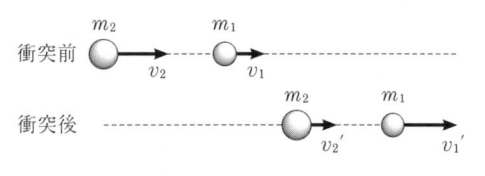

図5.3 運動量の保存

である．ここで，左辺の値がわかっていても，未知数 v_1', v_2' を求めるにはもう一つの関係式が必要である．それは，互いに衝突する物体の弾性的性質に関係して定まる．

衝突前の物体1に対する物体2の相対速度 $v_2 - v_1$ と，衝突後の物体2に対する物体1の相対速度 $v_1' - v_2'$ との間には次の関係がある．

$$e(v_2 - v_1) = v_1' - v_2'$$

ただし，$0 \leq e \leq 1$ である．e を**はね返り係数**といい，特に $e = 1$ のときの衝突を**弾性衝突**という．この式と先の式を連立して解くと v_1' と v_2' を求めることができる．

5.2 重心とその運動

2つの質点間の距離を質点の質量の逆比に内分した点を2つの質点の**重心**という．$\bar{x}$ を重心の x 座標とすると，図5.4 において，

$$\frac{m_1}{m_2} = \frac{l_2}{l_1} = \frac{x_2 - \bar{x}}{\bar{x} - x_1}$$

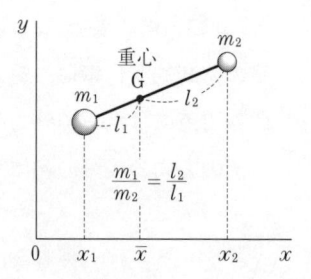

図5.4 2つの質点の重心の求め方

$$\therefore \quad \bar{x} = \frac{m_1 x_1 + m_2 x_2}{m_1 + m_2} \tag{5.3}$$

同様にして，

$$\bar{y} = \frac{m_1 y_1 + m_2 y_2}{m_1 + m_2}$$

質点がたくさんあるときには，

$$\bar{x} = \frac{m_1 x_1 + m_2 x_2 + m_3 x_3 + \cdots + m_n x_n}{m_1 + m_2 + m_3 + \cdots + m_n}$$

$$\bar{y} = \frac{m_1 y_1 + m_2 y_2 + m_3 y_3 + \cdots + m_n y_n}{m_1 + m_2 + m_3 + \cdots + m_n}$$

によって重心の位置が与えられる．各質点が運動し位置が変化すれば，質点系の重心もまた運動し，位置が変化する．

m_1 と m_2 は一定なので，(5.2) の左辺は次のように順次書きかえられる．

$$\frac{d}{dt}\left(m_1 \frac{dx_1}{dt} + m_2 \frac{dx_2}{dt}\right) = \frac{d^2}{dt^2}(m_1 x_1 + m_2 x_2)$$

$$= (m_1 + m_2)\frac{d^2}{dt^2}\left(\frac{m_1 x_1 + m_2 x_2}{m_1 + m_2}\right)$$

これに (5.3) を入れ，(5.2) とから，

$$M\frac{d^2 \bar{x}}{dt^2} = X_1 + X_2 \tag{5.4}$$

が得られる．ただし，$M = m_1 + m_2$ とする．$d^2\bar{x}/dt^2$ は重心の x 方向の加速度である．このことから一般に，"**重心は，質点系の全質量が重心にあると考え，各質点にはたらいている外力が全部重心にはたらいた場合の運動をする**" ことがわかる．

5.3 質点系の角運動量

質点系の力学的特性には運動量保存の法則と質点系の重心の運動のほかに，質点系の角運動量に関する法則がある．まず，角運動量について説明しよう．質量 m の質点が速度 v の運動をしているとき，運動量は mv である．図

5.5のように,ある一つの点Oから mv を表すベクトルに垂線を下ろし,その距離が r であるとき,$mv \cdot r$ を大きさとし,r と mv とで定まる平面に垂直で,r の方向を mv の方向に重ねるように右ネジを回すときのネジの進む方向を向くベクトルを考え,これを質点のOについての**角運動量**,または**運動量のモーメント**という.図5.5の場合は,紙面に垂直に表から裏へ向くことになる.

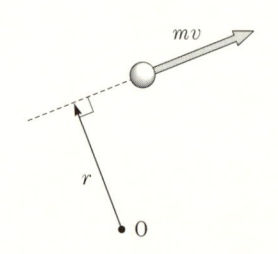

図 5.5 角運動量と方向（角運動量の向きは紙面に垂直で紙面の表から裏の方向）

これと全く同じようにして,質点にはたらく力についても,点Oについてのモーメントを求めることができる.力 F とその作用線への点Oからの距離 r との積 Fr を求めればよい.

さて,内力のモーメントは,図5.6のように,作用・反作用の法則が成り立つことから,常に打ち消し合う.その結果,途中のくわしい計算は省略するが,"任意の1点についての質点系の角運動量の時間的変化率は,その点についてのこの質点系に作用する外力のモーメントの和に等しい"ことが導かれる.質点系の角運動量を L,外力のモーメントの和を N とおけば,

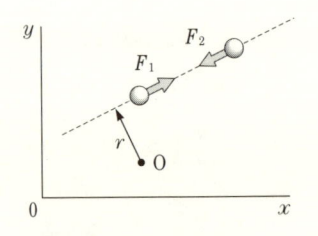

図 5.6 内力のモーメント（お互いに打ち消し合う）

$$\frac{dL}{dt} = N \tag{5.5}$$

である.したがって,"外力のモーメントがゼロのときには質点系の角運動量は変化しない"のである.これを**角運動量保存の法則**という.

5.4 剛体の運動

質点同士が堅く結び付いていて，力を加えても形を変えないとき，これを**剛体**という．剛体は質点と同様に問題を簡単にするための仮想物体である．図5.7のように，剛体がある軸の周りに回転する場合を考える．剛体各部の相互位置は変らないので，軸に対するすべての点の角速度は等しい．

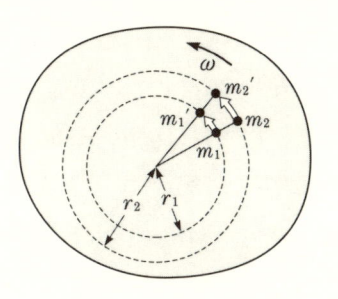

図5.7 剛体の運動

剛体を細かく分けて，その一つの質量を m_1，軸からの距離を r_1，角速度を ω とすれば，速さは $v_1 = r_1\omega$ であるから，角運動量の大きさは $m_1 r_1^2 \omega$ である．各質点の角運動量はいずれも紙面に垂直に表面を向くので，剛体の軸についての全角運動量はこれらの代数和として求められる．すなわち，角運動量 L は

$$L = m_1 r_1^2 \omega + m_2 r_2^2 \omega + \cdots$$
$$= (m_1 r_1^2 + m_2 r_2^2 + \cdots)\omega$$

となる．括弧の中は剛体の形，密度分布および軸の位置から定まる量で，運動には無関係である．これを剛体のその軸についての**慣性モーメント**という．

慣性モーメントを I とおけば，剛体の角運動量は，

$$L = I\omega \tag{5.6}$$

という簡単な形で表される．よって，剛体では (5.5) は

$$I \frac{d\omega}{dt} = N$$

となる．この結果は運動の法則を表す式 $f = ma = m(dv/dt)$ と同じ形であることに気付くであろう．力 f の代りに力のモーメント N が，質量 m の代りに慣性モーメント I が，そして加速度 a の代りに角加速度 $d\omega/dt$ がおきかえられている．この式によって，力のモーメントが与えられると角速度

が計算できる．

　剛体にはたらく力は，作用線上の任意の点に力の作用する点を平行移動することができる．このようにして剛体にはたらく平面力（同一平面上にはたらく力）を合成していくと，1つの力になるか，または互いに大きさが等しく平行で向きの反対の一組の力（これを**偶力**という）になる．

　偶力になる場合は，これを重心を移したとき互いに打ち消し合ってゼロになるから，重心の運動は変化しないが，物体の重心の周りの回転の角速度が変化する．図5.8に示した定滑車はその一例である．1つの力になるとき，その作用線が重心を通れば，図5.9のように物体の重心は加速度運動をするが，重心の周りの角速度は変化しない．

　剛体が静止しているためには，それにはたらく力を1点に集めたときの合力がゼロであり，かつ任意の点についてそれぞれの力のモーメントの和もゼロであることが必要である．

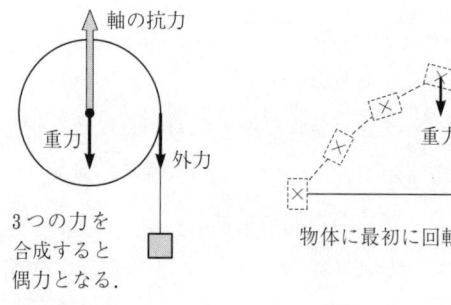

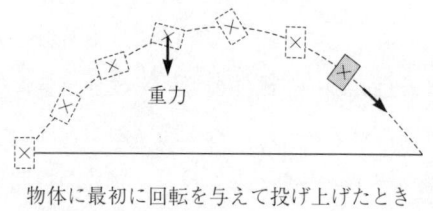

図5.8 定滑車　　　　**図5.9** 重心の加速度運動と角速度

考えてみよう

［1］ 2つの物体が弾性衝突するとき，衝突前の運動エネルギーの和と衝突後の運動エネルギーの和は等しいことを証明せよ．

［2］ 図5.10のように1, 2および3 kgの物体が一直線上に位置している．
（a） 重心の位置を求めよ．
（b） 重心を通り，ACの直線に垂直な軸についての慣性モーメントを求めよ．

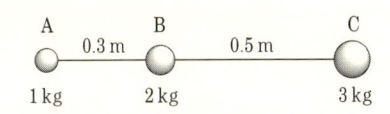

図5.10 一直線上にある3つの質点

［3］ 図5.8において，滑車の半径をr m，軸についての慣性モーメントをI kg·m^2 とする．これに巻き付けた糸の一端にm kgのおもりを吊るしたとき，
（a） 糸の張力をf として，おもりについての運動方程式を書け．
（b） おもりの加速度と滑車の角速度の関係を表す式を書け．
（c） 滑車の角加速度を求めよ．

6 波動

　これまでは問題を簡単にするために質点や剛体を考えてきた．ところで，実在の物体では力が加われば変形する．力を取り除いたとき，もとに戻る物体を弾性体という．弾性体内に起こる現象の一つに波動がある．水面の波，地震の波，音波等，われわれが日常よく経験するものである．ここでは，これらの波動の一般的性質について述べよう．後には，弾性体のない単なる空間に生じる光や電気の波についても考えることになる．波動は物理学の全域にわたる非常に重要な概念である．

6.1 横波と縦波

　弾性体内の1点が振動すると，それに隣接した部分が少し遅れて振動を始め，さらにそれに隣接した部分がまた少し遅れて振動を始める．このようにして，振動が弾性体内に広がっていく．これが波動である．いま，図6.1のように一直線上に並んだ点群を考える．それぞれの質点は周期 T の振動を

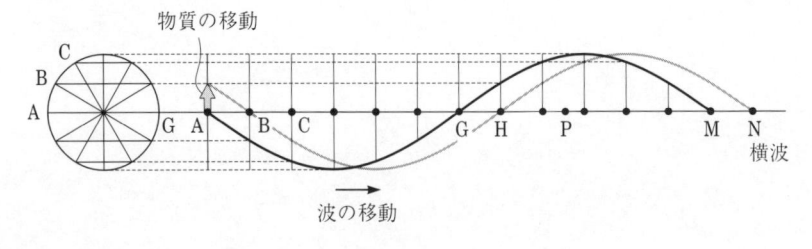

図 6.1　物質の振動と波の移動（横波）

するが，それぞれの振動が順次 $T/12$ 秒遅れて振動すると仮定する．図では，点 A が 1 振動終了した瞬間の各点の位置を実線で結んである．それから，$T/12$ 秒経った瞬間の位置はアミ線で示した．このようにして，波形は時が経つにつれて右方に進んで行くが，それぞれの点は平衡の位置を中心にして，振動をくり返している．この間，物質は移動しない．移動するのは振動のエネルギーである．波動を伝えている物質を**媒質**という．図の場合には，媒質は波動の進行方向に対して垂直な方向に振動している．このような波動を**横波**という．

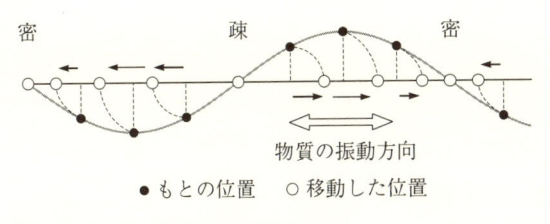

図6.2 縦波

波動の進む方向に平行に物質の各点が振動するときは，図 6.2 のようになる．これを**縦波**という．縦波のときは，物質の密度に疎な部分・密な部分が生じるので，**疎密波**ともいわれる．縦波では，密部および疎部の媒質の変位が最も小さく，その中間の部分の変位が最も大きい．音は空気やその他の物質中に起こる縦波である．縦波は図に表しにくいので，多くの場合，横波のように表す．そのとき，横波の山や谷と，縦波の疎密の部分との対応をよく理解しておくことが必要である．

図 6.1 で，点 A と点 M，点 B と点 N はそれぞれ同じ運動の状態にある．このような点を互いに**位相**の等しい点という．また，点 A と点 G とは位相が互いに逆であるという．隣あっている位相の等しい点の間の距離を**波長**という．また，媒質中の一つの点が 1 回振動すると，波長は 1 波長進む．ゆえに，波長を λ，振動数を ν，波動の速さを v とすると，

$$v = \lambda\nu \tag{6.1}$$

の関係がある．

図 6.1 において，点 A の単振動を $y_0 = a\sin 2\pi t/T$ と表し得るものとする．点 A から x の距離にある点 P の時刻 t での変位を y とすれば，点 P は点 A より x/v 秒遅れで振動するので，

$$y = a\sin\frac{2\pi}{T}\left(t - \frac{x}{v}\right) \tag{6.2}$$

である．x および t にそれぞれ値を入れると，その場所，そのときの変位が定まる．これが波を表す式である．

6.2 回 折

水面に波をつくり，途中に障害物を置くと，図 6.3 のように，障害物の裏側にまで波が回り込むのが見られる．この現象を**回折**という．

波動は媒質の各点が順次振動することによって生じるので，このような現象が見られるのは当然ということもできるであろう．振動状態の等しい点，すなわち位相の等しい点を結んで得られる面を**波面**という．

図 6.4 のように，"ある波面が与えられたとき，波面上の各点から新しく波が生じ，それらの小波面群に接する面によって次の波面が定まる" ことは，ホイヘンス（Huygens, オランダ）が 1678 年に述べ，これを**ホイヘンスの**

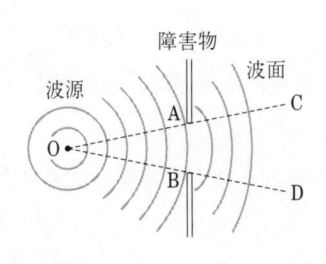

図 6.3 波の回折

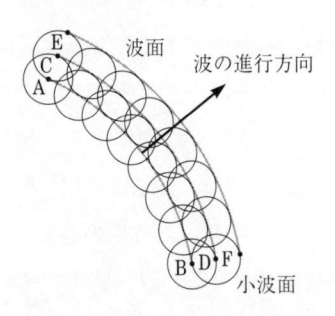

図 6.4 小波面群の重ね合せによる波面の進行

原理という．

6.3 波の重ね合せ

一般に，"同じ方向に振動する2つの波動が重なるとき，媒質の各部分は2つの波動の変位を代数的に加えた値に等しい変位をする"．これを**波の重ね合せの原理**という．

2つの波動の特別な相互関係に対応して，次のような現象が生じる．

（a） 干渉

図6.5のように，等しい波長，等しい速度の2つの波1と2が半波長だけずれて重なるときは，合成波の振幅は2つの波動の振幅の差になる．もし2つの波動の振幅が等しいならば，波動は消えてしまう．このような現象を**干渉**という．

（b） 定常波

等しい波長で等しい速さの2つの波動が互いに反対方向に進むとき，図6.6に見られるように，常に点A，C，Eは静止しており，点B，Dで大きく振動する波が生じる．このような波を**定常波**という．図に示した太い実線の波は定常波で，細線の

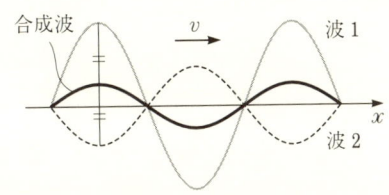

図6.5 波の干渉

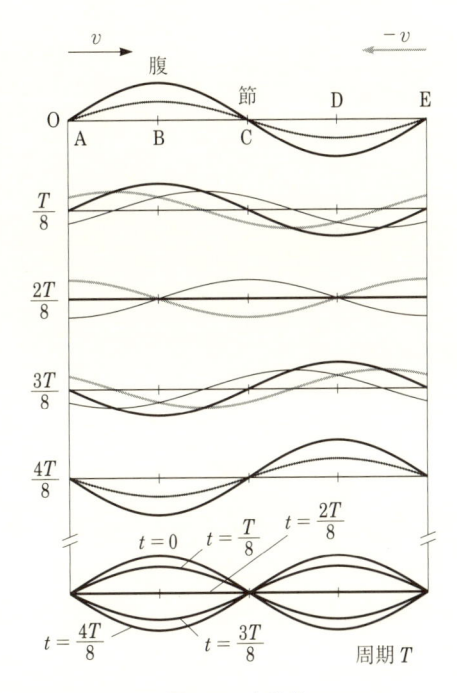

図6.6 定常波

波は右方向へ，アミ線の波は左方向へ進む．この2つの進行波を合成すると定常波が得られる．常に静止している点を定常波の**節**，大きく振動する点を**腹**という．隣接する節と節の距離は，もとの波動の波長の1/2に等しい．

（c） うなり

速さは等しいが，波長の少し異なる波動，すなわち振動数の少し異なる波動が同じ方向に進むとき，ある瞬間には図6.7のような変位を生じる．破線の波1と一点鎖線の波2は速さの等しい2つの波で，太線はそれらの合成波である．音波の場合は，Aの位置でこれを聴けば音は大きく聞こえるが，やがて点Bの振動が近づいてくるので，音は小さくなり，点Cの振動がくるとまた大きくなる．このように，振幅の大小がくり返し起こる現象を**うなり**という．AとCの間にある波形の数は振動数の大きい，すなわち波長の短い波動の方が一つだけ多くなっている．よって，1秒間に起こるうなりの数は2つの振動数の差に等しいことがわかる．

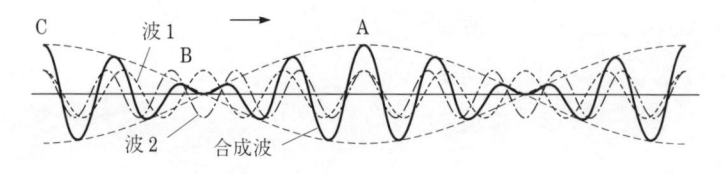

図6.7 うなり

（d） 群波

等しい速度の波を合成して得られた波は，波形を変化せずに成分波と同じ速度で進む．ところが，波長によって速度が異なる場合には，波形は時間と共に変化し，また伝わる速さも成分波と異なる．このときの合成波（群波）の速度を**群速度**，成分波の速度を**位相速度**という．

いま，波長の長い波の速度の方が大きい場合を考えてみよう．図6.8において，aとa′の重なったところAに合成波の変位の最大が生じる．時間 T 経ったあとに，bがb′に追い付くと，変位の最大はbとb′の重なったとこ

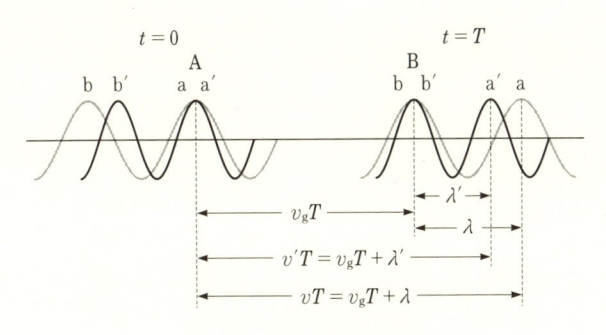

ろBに移る．この場合，図より明らかなように，群速度 v_g はいずれの位相速度 v, v' より小さい．

6.4 ドップラー効果

プラットホームで通過する電車の警笛を聞くとき，電車が近づいてくるときの音は高く，通り過ぎると急に低くなるのをよく経験する．このような現象を**ドップラー効果**（Doppler，オーストリア，1842）という．

いま，発音体（音源）が図6.9のように右方に向かって運動しているとする．発音体が O_1 にあるとき，出た音は O_1 を中心とする球面上に広がっていく．次に，ある時間経ったあとに発音体が O_1 から O_2 まで進んだものとする．O_2 で発した音は O_2 を中心とした球面上に広がっていく．O_3 についても同様である．ある時間を発音体の振動の1周期とすると，音は図の下側に示した波の

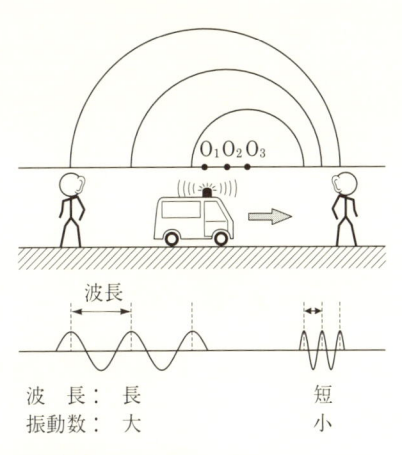

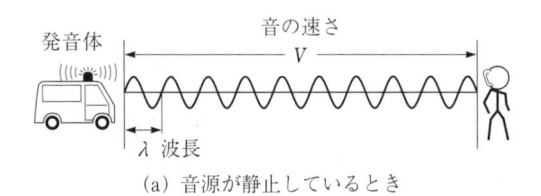

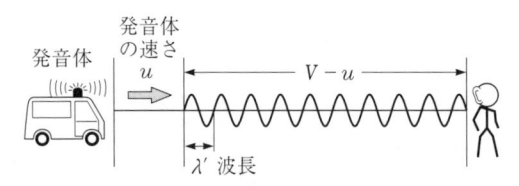

50　6. 波　動

図 6.10(a) 音源が静止しているとき — 発音体、波長 λ、音の速さ V

図 6.10(b) 音源が近づくとき — 発音体の速さ u、$V-u$、波長 λ'

両方の波形の数は等しい．どちらも速さ V で進む．

図 6.10 ドップラー効果の説明図

ように表すことができ，波面は図の実線のようになる．この波を右方にいて受けると波長が短くなっており，逆に，左方にて受けると波長が長くなっている．

図 6.10 のように，発音体の速さを u，音（波）の速さを V とすると，

$$V - u = \nu \lambda'$$

となる．ここで，λ' は音源の進行方向に生じる波の波長，ν は発音体の振動数である．

静止している観測者に到達する波の見かけの振動数を ν' とすると，

$$V = \nu' \lambda'$$

よって，

$$\nu' = \frac{V}{V - u} \nu \tag{6.3}$$

である．

発音体が静止しており，観測者が速さ v で近づくときには，図 6.11 にみ

(a) 観測者が静止しているとき

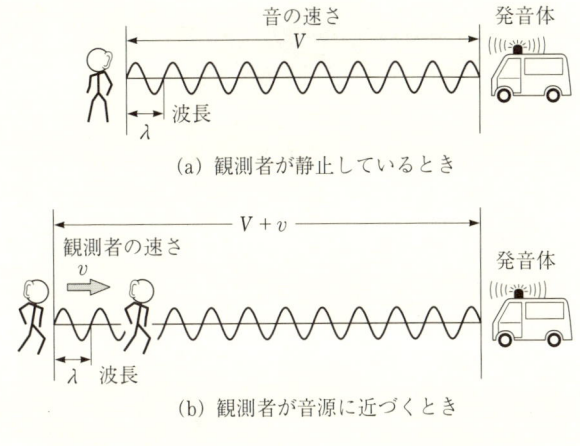

(b) 観測者が音源に近づくとき

図 6.11 観測者が発音体に近づくときの振動数の変化

られるように波長には変化がなく,毎秒耳に到達する波の振動数が $(V+v)/V$ に増加するから,見かけの振動数 ν' は

$$\nu' = \frac{V+v}{V}\nu \tag{6.4}$$

となる.

物体が音速よりも速く進むときは図 6.12 のようになり,円すい状の波面を生じる.物体の速さと音速の比を**マッハ数**という.

空気中の音速は気圧にほとんど関係なく,気温 t によって異なり,次の式で表される.

$$V = 331.5 + 0.6t \text{ m/s}$$

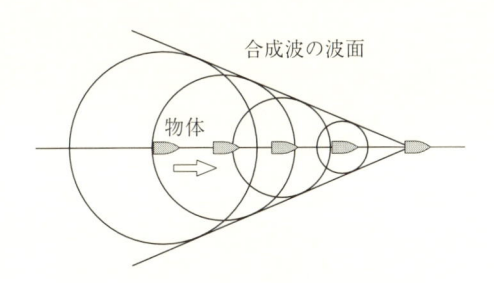

図 6.12 物体(音源)が音速より速く進むときに生じる円すい形波面

考えてみよう

[1] 気温15℃のとき，振動数440 /sの音波の波長はいくらか．

[2] 両端を固定した弦に生じる定常波では，固定点が節になる．長さ L m の弦を鳴らしたとき，原音（振動数の最も少ない音）の振動数が n /s であったとすると，この弦を伝わる波の速さはいくらか．

[3] 振動数260 /sのサイレンを乗せた船が2 m/sの速さで大きい建物に向かって進んでいる．

(a) 船の進む方向と反対方向の岸にいる人には，船から直接聞こえるサイレンの音の振動数はいくらになるか．

(b) 上述の人には，建物から反射してくるサイレンの音の振動数はいくらになるか．

(c) 直接音と反射音とを同時に受けると，毎秒何回のうなりを聞くことになるか．

2章 熱

7. 熱膨張と状態変化　　*54*
8. 熱と仕事　　*62*
9. 分子運動と熱　　*70*

7 熱膨張と状態変化

物体に触れたときの冷たい・温かいという感覚から温度の概念が確立した．
① 物体の温度変化にともなって体積変化が認められるが，特に気体についてはどのような関係が得られているか．
② 物体の温度変化の原因として熱の概念を導入する．その熱はどのようにして測られるか．
③ ときには，物体に明らかに熱が与えられていると考えられるのに温度変化の生じないことがある．その場合にはどのような現象が見られるか．
等について述べよう．

7.1 温度計

通常，温度を測るには，アルコールや水銀温度計が用いられる．これらの温度計は，温度の上昇にともない物質の体積が増加することを用いて温度を測っている．セ氏の温度は，1気圧で水が凍るときの温度（氷点）を0°C，1気圧で水が沸騰するときの蒸気の温度（沸点）を100°Cとし，その間の体積を100等分して1°Cの間隔を定めている（Celsius，1742）．温度が変ると物質のいろいろな性質も変化するから，それらの性質と温度との関係を一度正しく求めておけば，逆にそれらの性質の変化から温度を測ることができる．実用化されているものには，電気抵抗の変化を利用した抵抗温度計，熱起電力の変化を利用した熱電対，光の明るさの変化を利用した高温温度計，気体の体積変化を利用した定圧気体温度計，気体の圧力変化を利用した定容気体

温度計等がある．

一般に，これらの温度計の示度は0℃と100℃以外は必ずしも一致しない．温度を決めるために用いる性質の違いや同じ性質でも物質の違いによって，表7.1のようにいくらか異なっている．

表7.1 利用物質による測定温度の違い(℃)

定容水素温度計	定容空気温度計	水銀温度計
0	0	0
20	20.008	20.091
40	40.001	40.111
60	59.990	60.086
80	79.987	80.041
100	100	100

物質に関係しない温度の目盛法があれがよいと考えられるが，実はそういう方法があるのである．理論的に基準になるものは，理想気体温度計で決めた温度である．

7.2 気体の膨張

一定量の気体をとり，温度を一定にして体積を変えると圧力が変化するが，圧力と体積との積はほぼ一定である．そこで，気体の圧力を P，体積を V としたとき，

$$PV = 一定 \tag{7.1}$$

の関係が厳密に成り立つ気体を**理想気体**とよぶ．気体が希薄になればなるほど，理想気体に近づく．(7.1)の関係を**ボイルの法則**（Boyle，イギリス，1662）という．

次に，気体の圧力を一定に保ちながら温度を変えると，気体は1℃の温度の上昇につき，0℃のときの体積の約273分の1ほど膨張する．そして，気体が希薄になると，この値は気体の種類に関係なく一定値（= 1/273.15）に近づく．よって，これも理想気体の一つの特性といえる．

理想気体では，0℃のときの体積を V_0，t℃のときの体積を V とすれば，

$$V = V_0 \left(1 + \frac{1}{273.15} t\right) \tag{7.2}$$

の関係が成り立つ．この関係を**シャルルの法則**（Charles, フランス，1787）という．また，

$$T = 273.15 + t$$

で与えられる温度 T を**絶対温度**という．絶対温度 T と（7.1）および（7.2）より，

$$\frac{PV}{T} = 一定 \qquad (7.3)$$

の関係が得られる．これを**ボイル‐シャルルの法則**という．

　理想気体といっても，科学的に他の物質と異なる特別の気体があるわけではない．酸素の理想気体，窒素の理想気体の区別はあるが，ボイル‐シャルルの法則に従う点ではよく一致している．T は，厳密にいえば，理想気体を用いた温度計の示す温度である．

7.3　熱量と比熱

　物体の温度が上がるのは，物体が熱を得たためであると考える．1気圧で1 kg の水の温度を 14.5℃ から 15.5℃ まで上げるときに要する熱量を熱量の単位とし，これを**1キロカロリー**（kcal）という．これと違った温度で水の温度を 1℃ だけ上げるのに要する熱量は多少異なるが，特に厳密さを必要としない限り，区別する必要はない．

　1 kg の物質の温度を 1℃ 上げるのに要する熱量をその物質の**比熱**という．比熱の単位は kcal/kg・K である．また，物体の温度を 1℃ 上げるのに要する熱量をその物質の**熱容量**という．m kg の物

表7.2　固体と液体の定圧比熱

物　質	温度 (℃)	定圧比熱 (kcal/kg・K)
アルミニウム	20	0.211
鉄	〃	0.107
銅	〃	0.0919
木　材	室温	約 0.30
ガラス	〃	0.14〜0.22
コンクリート	室温	0.20
エチルアルコール	21	0.570
水　銀	20	0.0333
氷	0	0.487
水	20	0.999

表 7.3 気体の比熱（1気圧のとき）

気体	定圧比熱 (kcal/kg·K)	温度 (°C)	定圧比熱/定積比熱
アルゴン	0.125	15	1.67
空　気	0.2399	16	1.403
水　素	3.43	100	1.404
水蒸気	0.490	100	1.33
炭酸ガス	0.200	16	1.302

質の熱容量 C と比熱 c との間には，

$$C = mc$$

の関係がある．この物質の温度を t から t' まで上げるのに要する熱量を Q とすれば，

$$Q = mc(t' - t) \tag{7.4}$$

である．同一の物質の温度を同じ温度 t から t' に上げるときでも，体積を一定に保つか，また圧力を一定に保つかによって必要とする熱量が違う．表7.2 と 7.3 よりわかるように，気体の場合にはこの違いが著しい．体積を一定に保つときの比熱を**定積比熱**，圧力を一定に保つときの比熱を**定圧比熱**という．また，表からわかるように，一般に定積比熱は定圧比熱より小さい．

7.4　気体と液化

物質に熱を与えてもその温度が変らないときには，固体が液体に，また液体が気体になるという変化が見られる．物質が固体から液体，液体から気体，またその逆に変化することを，一般に"**状態変化**"という．図 7.1 のように液体から気体になる変化を**気化**といい，液体の表面で気化する変化を**蒸発**，液体の内部から気化することを**沸騰**

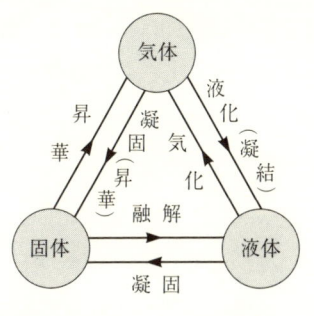

図 7.1　固体，液体，気体間の状態変化

という．

図7.2のように，一端を封じたガラス管内に水銀を満たした水銀柱を立てると，上部にトリチェリーの真空とよばれる真空の部分が生じる．下から少量のエーテルを入れるとエーテルは上昇していって気体になり，水銀面が下に押し下げられる．エーテルはある程度気化すると，それ以上は気化しなくなり，液を増しても水銀面はほとんど一定に保たれるようになる．このとき，液体のエーテルと気体のエーテルが管内に共存し，その間に平衡状態が生じていると考えてよい．この状態の気体の圧力を**飽和蒸気圧**という．液体のエーテル量を微量とし，押し下げられた水銀柱の高さを h mm とすれば，飽和蒸気圧は h mmHg である．

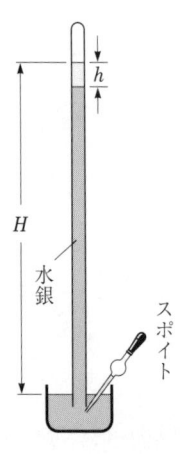

図7.2 水銀柱

水銀柱が 760 mm 押し下げられたときの管内の圧力を **1 気圧**という．

$$760 \text{ mmHg} = 1 \text{ 気圧} = 1.013 \times 10^5 \text{ N/m}^2$$

温度を一定に保っておけば，容器の体積を変化させても気体の圧力は変化しない．体積を減らせば，その部分の蒸気は液体になり，体積を増せば液体は気化する．体積をさらに増していって液体がなくなっても体積を増せば，初めて蒸気の圧力は減少する．

図 7.3 は二酸化炭素（CO_2）について，温度一定のときの圧力と体積の関係を示したものである．たとえば温度 21.5℃のとき，体

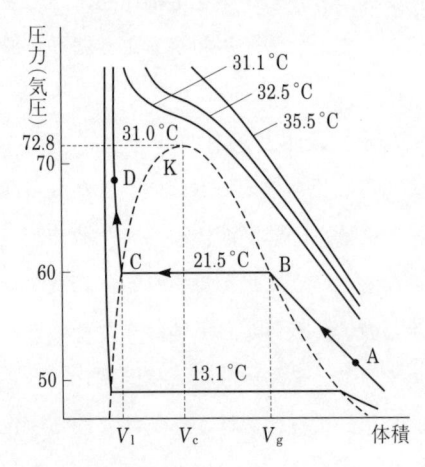

図7.3 二酸化炭素の状態変化

積を減らしていくと，AB に沿って次第に圧力が増していく．点 B に達すると液体ができ始め，体積を減らしても圧力は増加しない．このときの圧力が飽和蒸気圧であって，約 60 気圧になっている．B から C までは気体と液体が共存しているが，液体が次第に増し，C に達すると全部液体になってしまう．さらに液体の体積を圧縮すると，圧力は急激に上昇する．このような変化は逆にたどっていくこともできる．

温度を次第に上げていくと，
① 飽和蒸気圧が増す．
② 飽和蒸気の密度は大きくなり，液体の密度は小さくなる．
③ 蒸気の体積 V_g と液体の体積 V_l との差 $V_g - V_l$ が小さくなる．

二酸化炭素は 31.0°C で，V_g も V_l も共に同一の値 V_c に等しくなる．ここでは液体と気体とは区別されない．温度がこれよりもほんの少しでも低ければ，気体，液体の二つの状態は密度等いろいろな性質がわずかばかり違うので，これを区別することができる．気体とも液体ともいえない一つの状態を**臨界状態**といい，そのときの温度を**臨界温度**，圧力を**臨界圧力**という．いくつかの物質の臨界温度と臨界圧力を表 7.4 に示した．

表 7.4 物質の臨界温度と圧力

物　　質	臨界温度(°C)	臨界圧力(気圧)
水	374.0	218.3
炭酸ガス	31.0	72.8
酸　素	−118.38	50.14
窒　素	−147.1	33.5
水　素	−239.9	12.8
ヘリウム	−267.9	2.26

臨界温度以上の温度では，二つの状態は共存することなく，常に気体で，圧力をいくら大きくしても液化することはできない．気体を液化するには，温度をその物質の臨界温度以下にして圧縮しなければならない．今日では，すべての気体を液化することができる．

溶器中に他の気体，たとえば空気があるときも，液体はその飽和蒸気圧に達するまで蒸発する．容器内の圧力は空気の圧力と飽和蒸気圧との和に等しい．

液体の表面に一定の圧力を加えたまま液体を熱していくと，ついには沸騰が始まる．このとき，液体の内部に気泡ができて，気泡内の圧力は外圧よりも大きくなっている．また，液体の温度は蒸気の温度よりも高い．1気圧のもとで，水が沸騰しているときの水蒸気の温度が100°Cである．水が全部水蒸気になってしまうまで温度が一定に保たれるので，沸点は温度定点として選ばれる．1665年にホイヘンスはこのことを発見し，温度定点とすることを提案した．しかし，これが採用されたのはずっとあとになってからである．

1 kgの液体が同温度の気体になるのに要する熱量をその物質の**気化熱**という．水の気化熱は，20°Cでは586 kcal/kg，100°Cでは539 kcal/kgである．一般には，温度が上がると気化熱は減少し，臨界温度では気化熱はゼロとなる．液体が気化するときには，液体の温度が下がり，これに接している周囲の物質を冷却する．電気冷蔵庫では図7.4のように，蒸発管内でフレオンやメタンのようなガスの気化を利用して冷却している．

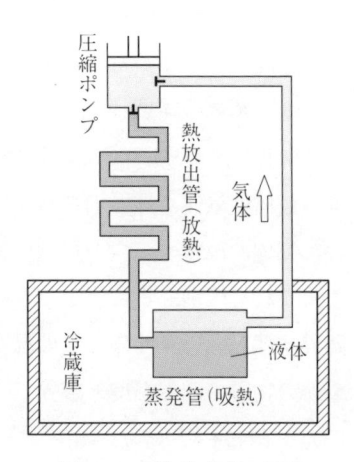

図7.4 電気冷蔵庫の原理

考えてみよう

[1] 気圧760 mmHg, 20°Cのとき1 lを占める空気は，気圧500 mmHg, -20°Cのとき，いくらの体積を占めるか．

[2] 水温が18°Cの水1 kgの中に温度100°Cの鉄片500 gを入れたら，水温が22.2°Cになった．容器や温度計を暖めるのに要した熱量を無視して，鉄の比熱

を求めよ．

［3］ 100°Cの水蒸気を10°C，1 kg の水に何 kg 通じたら，水の温度を40°Cにすることができるか．

8 熱と仕事

　古くは，熱を重さのない流体（熱素）であると考えた．物体が熱素を得れば温度が上がり，熱素を失えば温度が下がる．それでは，液体が気体になるときに与えられた熱素はどうなるのであろうか．熱素説では，熱素は物質の中にかくれており，気体から液体に変るとき再び姿を表す，とブラック（Black，イギリス，1757）は説明した．ここまでのところでは，熱素量保存の法則が成り立ち，説明がうまくいっているようであるが，仕事が関係してくると事情は一変してしまうのである．

　熱と仕事に関連した学問を**熱力学**という．熱力学には二つの基本法則があり（第3法則もあるがここでは述べない），それからいろいろな現象が説明される．また，熱機関や化学反応について極めて重要な結果が導かれる．

8.1　内部エネルギー

　物体を摩擦すると物体の温度は上がる．このことからすれば，熱素は仕事によって無限に作り出されることになり，熱素量保存の法則はもはや成り立たなくなる．一方，物体間にはたらく力が保存力という特殊な性質をもつ力のみであるときには，力学的エネルギー保存の法則が成り立つことが知られている．ところが，摩擦力や抵抗力のはたらく場合には，力学的エネルギーは一定ではなく，必ず物体の温度の上昇が認められる．それでは，仕事にも熱にも共に関係する保存量を考えられないであろうか．

　物体が全体としてはたらくときの運動のエネルギー，ある位置にあること

8.1 内部エネルギー

による位置エネルギーのほかに，物体の内部に ある種のエネルギーがあると考え，これを**内部エネルギー**という．物体の温度が上がれば内部エネルギーが増加し，液体から気体に変ればやはり内部エネルギーは増加する．物体に熱を加えても，仕事をしても，内部エネルギーを増加させることができる．エネルギーを考えに入れると，物体に加えられた熱は，熱素として物体内にあるのではなく，内部エネルギーとして説明される．この内部エネルギーは仕事という形で，また熱の流れという形で，他の物体に移っていくことができる．もし熱の出入りもなく，仕事もゼロならば，物体の内部エネルギーは一定に保たれる．このような考えは仕事と熱との等価性が数量的に示されると，さらに確実性を増すであろう．

1 kcal の熱量に相当する仕事量を**熱の仕事当量**といい，通常，記号 J で表す．熱の仕事当量は，気体の定圧比熱と定積比熱との差と，気体が膨張する際に外にする仕事との関係から，マイヤー（Mayer，ドイツ，1842）によって初めて計算された．マイヤーと同時代に，マイヤーとは全く独立に，ジュール（Joule，イギリス，1843）はもっと直接的に求める多くの実験を行った．図 8.1 はジュールが 1850 年に用いた装置である．熱量計には，あらかじめ質量のわかっている水を入れておく．鉄製のおもりは落下しながら攪拌器の軸を回転させる．攪拌器には図のように翼が付いていて，水を摩擦して温度を上昇させるようになっている．今日，熱の仕事当量の最も精確な値は

$$J = 4.18605 \text{ J/cal}$$

である．1948 年の国際度量衡会議で，熱量の単位としてできるだけ J（ジュール）を用いるよう決

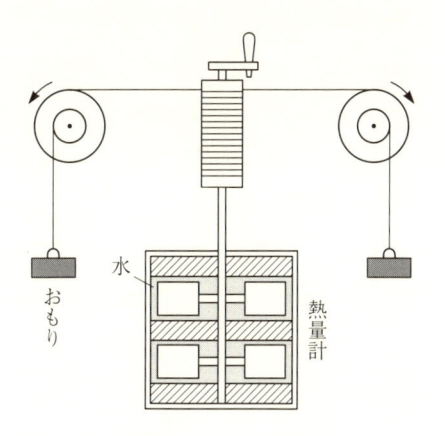

図 8.1 ジュールの実験

議されている．

　力学的エネルギーに変化のないとき，物体に外から加えられる熱量と仕事をそれぞれ Q (J)，W とし，始めの内部エネルギーを U_1，あとの内部エネルギーを U_2 とすれば，

$$U_2 - U_1 = \Delta U = Q + W \tag{8.1}$$

の関係がある．これを**熱力学の第1法則**という．エネルギーの概念はマイヤー，ヘルムホルツ（Helmholtz, ドイツ，1847）等によって，光や電気等にも拡張された．熱力学の第1法則は，一般的なエネルギー保存の法則の特別な場合にすぎない．

8.2　現象の可逆性と不可逆性

　高温の物体から低温の物体へ熱は流れるが，低温の物体から高温の物体への熱の流れは自然には起こらない．ここで，自然とは他の助けを借りないでという意味である．低温の物体から高温の物体へは自然に熱は流れないにしても，何等かの方法を用いて，低温の物体から高温の物体に熱を移すことができないであろうか．われわれの経験によれば，熱が低温の物体から高温の物体に移ったとしても，その際，用いた装置全部を最初の状態に完全にもどすことはできないのである．このように，どんな方法を用いても，周囲に変化を残さずにはもとの状態にもどすことのできない変化を**不可逆変化**という．これに反し，他に何等の変化を残さずに，もとの状態にもどすことのできる変化を**可逆変化**という．

　明らかに不可逆変化と考えられる変化は，熱の移動のほかにもいくつかある．高速度で回転している車輪にブレーキをかけると，回転が遅くなると同時に，車輪とブレーキの温度が上がるが，この変化の逆方向の変化は自然には起こらない．すなわち，車輪とブレーキの温度が下がって，物体がある速さで運動し始めることはない．そこで，摩擦によって物体の温度が上がる変化は不可逆変化である．また，気体を仕切りのある容器の一方の一部に密閉

しておき，もう一方を真空にしておく．仕切りの壁を取り去ると，気体は拡散して容器全体に広がっていく．しかし，容器全体に広がった気体が自然に容器の一部に集まってくることはない．たとえ，ある方法を用いて容器の一部に気体を集めることができたとしても，それに用いた装置はもとの状態にはもどってこないのである．

ところで，このように不可逆変化と推測されるいくつかの変化の中の1つの現象の不可逆性を認めれば，他の場合の不可逆性を論理的に導き出すことができる．ただし，証明は省略する．**熱力学の第2法則**は熱現象の不可逆性を述べたものである．通常，次のような表現が多く用いられる．

　　クラウジウス（Clausius，ドイツ，1950）の表現
　　"熱は他から助けを借りなければ，低温の物体から高温の物体に移すことはできない．"
　　トムソン（Thomson，後に Lord Kelvin，イギリス，1851）の表現
　　"1つの熱源から吸収する熱をすべて仕事に変える循環過程は作れない．"

真空中の振り子の振動のように，純粋な力学現象は可逆変化と考えられる．しかし，実際に起こる現象は必ず熱現象をともなう．したがって，厳密にいえば，自然界には可逆変化は存在しない．ただ，すべての摩擦を除き，温度差をなくし，圧力のつり合いを乱さないようにゆっくりと変化させると，いくらでも近づき得る極限変化として可逆変化を想定することができる．可逆変化は理想的な変化であるが，熱理論上では極めて重要である．特に，温度差がゼロの状態で熱の授受が行われる**等温変化**，外部と熱の授受をせずしかも圧力のつり合いを乱さずに行われる**断熱変化**が，しばしば考えられる．

8.3 熱機関の効率と熱力学温度

一般に，1つの体系がある変化をして始めの状態にもどるとき，その変化をサイクルといい，このとき変化する物質を**作業物質**という．**熱機関**は高熱

源から熱を奪ってその一部を仕事に変え，残りの熱を低熱源に与える．高熱源から Q_1 の熱を奪い，低熱源に Q_2 の熱を与えれば，仕事に変った熱量は2つの熱量の差 $Q_1 - Q_2$ である．このとき，

$$E = \frac{Q_1 - Q_2}{Q_1} \tag{8.2}$$

を**熱機関の効率**という．

図 8.2 のようなサイクルを**カルノーサイクル**（Carnot, フランス，1824）という．カルノーサイクルと熱力学の法則から，次の重要な結論が得られる（くわしい証明は他書を参照されたい）．

(a) 2つの熱源間に熱機関をはたらかせると，

1. 可逆機関の効率は不可逆機関の効率よりも大きい．
2. 可逆機関の効率は作業物質の種類，仕事量の大小には関係なく，すべて等しい（**カルノーの原理**）．

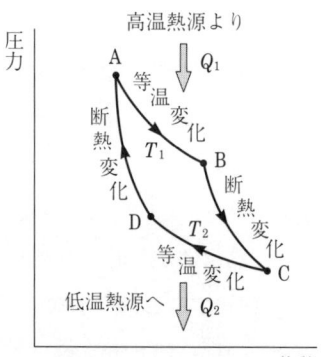

図 8.2 カルノーサイクル

(b) 可逆機関においては，2つの熱源が定まるとき，(8.2) よりカルノーサイクルの効率

$$E = \frac{Q_1 - Q_2}{Q_1} = 1 - \frac{Q_2}{Q_1}$$

が作業物質に関係しないことから，結局 Q_2/Q_1 が作業物質に関係しないことになる．したがって，熱量は温度だけに依存するので，

$$\frac{Q_2}{Q_1} = \frac{\theta_2}{\theta_1} \tag{8.3}$$

とおくことによって，作業物質に関係なく温度 θ を定義することができる．このようにして定めた温度を**熱力学温度**（または**ケルビン温度**）という．

(c) 作業物質として理想気体を用いたカルノーサイクルでは，理想気体温度計で測った高熱源の温度を T_1，低熱源の温度を T_2 とすれば，

$$\frac{Q_2}{Q_1} = \frac{T_2}{T_1} \tag{8.4}$$

の関係が得られる．よって，(8.3) と (8.4) を組み合わせ，水の氷点と沸点の温度差を 100 とし，熱力学的温度目盛と理想気体温度目盛を一致させることができる．

8.4 エントロピー

図 8.3 は，熱機関と水車について比較したものである．高い所から低い所に移る水のみが水車を動かすことができるように，熱機関がはたらくためには温度差が必要である（カルノー）．図で上の貯水池から水車に流れ込んだ水量はそのまま下の貯水池に移る．その間に仕事に変ったものは，水のもっていた位置のエネルギーである．熱機関では高熱源から熱機関に入った熱量がそのまま低熱源に移るのではなく，低熱源に移る熱量は高熱源から熱機関に入った熱量よりも少ない．この熱量の差が熱機関のする仕事になり，熱量は位置エネルギーに対応するのである．カルノーは水量に相当するものは熱量（熱素）であると考えたのであったが，実際には水量に相当するものはなんであろうか．

熱機関としてカルノーサイクルを考えてみよう．カルノーサイクルでは，前述のように，(8.4) が成立するので，

$$\frac{Q_1}{T_1} = \frac{Q_2}{T_2}$$

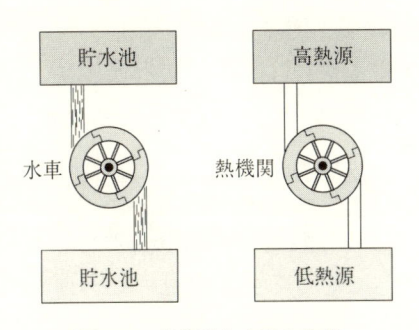

図 8.3 熱機関と水車の比較

の関係がある．いま，物体が温度 T のとき熱量 dQ を受けとるならば，クラウジウス（1865）にならって，物体の**エントロピー**（エントロピーはギリシア語で変化するという意味）が dQ/T だけ増加するということにすれば，高熱源は Q_1/T_1 だけエントロピーを失い，低熱源は同量の，すなわち Q_2/T_2 のエントロピーを得る．熱機関自身は1サイクルを終わって始めの状態にもどっており，そのエントロピーには変化がない．したがって，このとき水車の場合の水量に対応するものは，エントロピーであると考えられる．

さて，変化に関する系全体を考えるとき，エントロピーは可逆変化では不変であるが，不可逆変化では常に増大する．たとえば，高温 T_1 の物体から低温 T_2 の物体へ熱量 dQ が移るときには，高温の物体は dQ/T_1 のエントロピーを失い，低温の物体は dQ/T_2 のエントロピーを得るが，$T_1 > T_2$ であるから $dQ/T_2 > dQ/T_1$ となり

$$\frac{dQ}{T_2} - \frac{dQ}{T_1} > 0$$

である．また，摩擦があるときには仕事が熱に変り，この熱を得た物体のエントロピーは増加するが，この物体がほかにエントロピーを失うものはないので，最終的にエントロピーは増大している．以上のことから，

　　　"自然現象はエントロピーの増大する方向に起こる"

ということができる．これを**エントロピー増大の原理**という．エントロピーを用いることによって，熱力学の第2法則は数量的に表されるのである．

考えてみよう

[1] ジュールの実験で，羽根車に質量 14 kg のおもり2つがとり付けられ，おのおの 2 m 落下して水をかき回した．水の質量は 7 kg であった．1度かき回し

たら，羽根車を離しておもりだけを引き上げ，再び羽根車をとり付けて，おもりを落下させる．このようなことを20回くり返したとすると，温度はいくら上昇するか．

[2] 227°Cと27°Cの間ではたらくカルノー機関（カルノーサイクルを行う機関）の効率はいくらか．

[3] 100°Cの水5gが100°Cの水蒸気になるとき，エントロピーはいくら増加するか．ただし，水の100°Cにおける気化熱は539 kcal/kgである．

9 分子運動と熱

　熱力学では，エネルギーの概念を導入して，温度とか圧力のような直接観察される量の間の関係を論じる．このような範囲の理論を**現象論**という．これに対し，物質の内部構造を考え，それと熱の本性との関係を理解しようとする立場がある．このような段階の理論を（熱の）**原子論**という．物質を原子の集合体と見る思想はギリシア時代にすでに見られたが，それが確固たる実験的根拠を得たのは19世紀以後である．

　ここでは，どのような実験的事実から原子や分子の存在が明らかになったか，気体の圧力や温度と分子の運動はどのような関係にあるのか等について述べる．

9.1　化学反応と分子

19世紀の末から，化学反応に関する重要な法則が相ついで発見された．

　定比例の法則（プルースト，Proust，フランス，1799）

　　"物質は互いに一定の質量比で化合する．"

　倍数比例の法則（ドルトン，Dalton，イギリス，1803）

　　"A，B2つの元素が2種類以上の化合物を作るとき，Aの一定質量に対するBの質量は簡単な整数比になる．"

　これらの法則は，ドルトンのように原子を考えることによって極めて良く説明される．すなわち，物質を細かくしていくと，ついには原子に達する．原子の種類は多いが，同じ種類の原子，たとえば水素の原子は，どれも同じ

質量で同じ大きさである．そして，原子は化学反応の間に絶対に変化することなく，一定数の他の原子と結合するのである．

気体反応の法則（ゲイ・リュサック，Gay Lussac，フランス，1808）
"いくつかの種類の異なる気体が化合するとき，それらの気体の体積の間には簡単な整数比がある．"

この法則を説明するには，アボガドロ（Avogadro，イタリア，1811）に従って，"すべての気体は同じ温度，同じ圧力のもとでは，同じ体積中に同数の分子を含む"（**アボガドロの法則**）と仮定すればよい．いくつかの原子は互いに結合して分子を作る．化学変化は，原子が互いに結合相手を変えて新しい分子を作る，または分子がいくつかの原子に分解されることである．

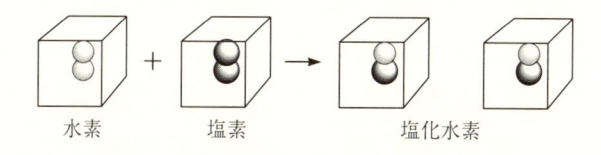

図 9.1 水素と塩素から塩化水素を生成する反応

図9.1のように，水素の分子は2つの水素原子が結合してできており，塩素の分子もやはり2つの塩素の原子が結合してできている．水素と塩素が結合して塩化水素になる反応では，水素と塩素の分子が一度それぞれの原子に分解し，次に水素原子1個と塩素原子1個が結合して塩化水素の分子を作ると考えられる．

9.2 分子量と原子量

アボガドロの法則を認めるならば，これから分子の重量比を求めることができる．同じ温度，同じ圧力の気体の同体積の重量の比を求めれば，それが直ちに分子の重量比になることは明らかである．酸素分子の質量を32として任意の物質の分子の比較的な質量を表した数を**分子量**という．そしていろいろな化学変化を調べると，分子を構成している原子の種類と数が定まる．

その結果，原子の比較的質量，いわゆる**原子量**を求めることができる．

化学的には同種の原子であっても，質量の異なるものがあることが近代になって発見された．炭素原子も2種類ある．原子量を厳密に定めるときには，軽い方の炭素原子の原子量を12とすることにしている．自然に存在している原子の種類は約90であるが，それらを原子量の順序に並べると，類似な性質をもった原子が周期的に現れる．これを**周期律**という．巻末の付表はこの原子の周期性を簡単に表したもので，いわゆる周期表の一つである．表の縦の欄に並んでいる原子は，質量は異なるが，それぞれ似た性質をもつものである．

分子量 M の物質 M g をその物質の **1モル**，または **1グラム分子** という．水素の1モルは約2g，酸素の1モルは約32gである．原子量 A のときは A g を **1グラム原子** という．

すべての気体の1モルは同じ温度，同じ圧力のもとで，同体積を占めるはずである．**0°C，1気圧のもとで気体の体積を実測すると，22.4×10^{-3} m³** となる．よって，ボイル-シャルルの法則 (7.3) の PV/T の値は，1モルの気体については気体の種類の如何にかかわらず等しくなる．

$$P = 1 \text{気圧} = 1.013 \times 10^5 \text{ N/m}^2$$
$$V = 22.4 \times 10^{-3} \text{ m}^3$$
$$T = 273 \text{ K}$$

とおくことによって，その値は計算される．これを R とおけば，

$$R = \frac{PV}{T} = 8.31 \text{ J/mol·K} = 1.99 \text{ cal/mol·K} \tag{9.1}$$

この値を**気体定数**という．

n モルの気体については，

$$PV = nRT \tag{9.2}$$

の関係が得られる．この関係を理想気体の**状態方程式**という．また，気体1モル中に含まれている分子数を**アボガドロ数**とよび，その値は 6.02×10^{23}

個であることが今日ではわかっている．

9.3 気体の分子運動

　気体の分子が絶えず大きい速さで運動していると推測される多くの現象がある．その一つは拡散の現象である．たとえば，黄緑色をした塩素を満たしたガラスびんの口を板でふさぎ，その上に，無色透明の水素を満たしたガラスびんを逆さにして重ねる．板を抜きとると，これらの気体が混ざり合うことが気体の色の変化からわかる．

　ブラウン運動もまた分子運動によって説明された現象の一つである．図 9.2 は空気中に浮かんでいる 1 粒の煙の粒子の位置を 1 分間おきに記録したものである．空気の分子が粒子に衝突するために，このようなブラウン運動が起こると考えられる．

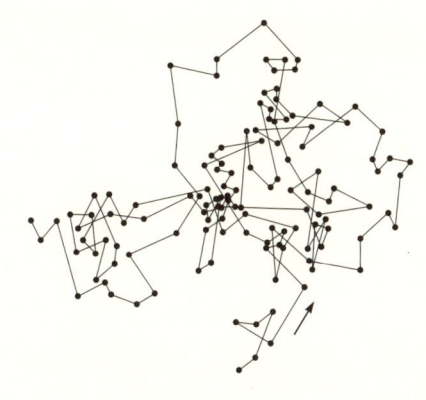

図 9.2 空気中の煙の粒子のブラウン運動

　さて，気体が容器の壁におよぼす圧力は気体の分子が壁に衝突するために生じるとして説明される．図 9.3 のように，一辺 a の立方体内に n 個の分子があり，簡単にするため，そのうち 1/3 が左右の方向に，1/3 が上下の方向に，残りの 1/3 が前後の方向に，それぞれ平均の速さ v で運動しているとする．1 個の分子が面 ABCD に衝突してから再び衝突するまで

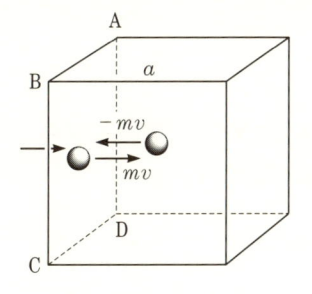

図 9.3 一辺 a の立方体内の分子の運動

に $2a/v$ 秒を要するので，1秒間には $v/2a$ 回衝突する．よって，全体の衝突数は $v/2a \times n/3$ である．

次に，分子の質量を m とすれば，1回の衝突によって分子は $mv - (-mv) = 2mv$ の運動量の変化をうける．そこで，1秒間の全運動量変化は $2mv \times nv/6a = nmv^2/3a$ である．

さて，一般に運動量の変化は力積に等しいから，1秒間の運動量の変化 $nmv^2/3a$ は容器の壁が分子群に与えた平均の力を表すことになる．これはまた作用・反作用の法則によって，分子群が面 ABCD に与えた平均の力にほかならない．よって，単位面積当りの力，すなわち圧力 P は，

$$P = \frac{nmv^2}{3a^3} = \frac{nmv^2}{3V}$$

となる．ただし，$V = a^3$ とする．したがって，

$$PV = \frac{nmv^2}{3} \tag{9.3}$$

となる．いま，分子の平均の速さ v が温度によって定まるものとすれば，(9.3) の右辺は温度が与えられれば一定値をとることとなり，ボイルの法則を示すことになる．

また，nm/V は気体の密度であり，これを ρ とおけば，$nm/V = \rho$ であるので，V を求め (9.3) に代入すると，

$$\boxed{v^2 = \frac{3P}{\rho}} \tag{9.4}$$

である．この関係によって，分子の速さを計算することができる．

次に，温度との関係を求めてみよう．分子1個の平均の運動エネルギーは $\varepsilon = mv^2/2$ であるから，(9.3) に代入して，

$$PV = \frac{2}{3} n\varepsilon \tag{9.5}$$

気体1モルをとれば，$n = N$ である．ただし，N はアボガドロ数である．理想気体1モルの状態方程式 $PV = RT$ と (9.5) の PV は同じなので，

1 mol の分子の運動エネルギーは

$$N\varepsilon = \frac{3}{2} RT$$

ゆえに，1個の分子の平均の運動エネルギーは

$$\varepsilon = \frac{3}{2}\frac{R}{N}T = \frac{3}{2}kT \tag{9.6}$$

よって，"分子の平均の運動エネルギーは気体の絶対温度に比例する"ことがわかる．k を**ボルツマン定数**といい，k_B とも表す．

なお，上記の理論では，気体の分子の大きさを無視し，また分子間に力がはたらかないと仮定している．実在の気体では分子に大きさがあり，分子間にわずかであっても力がはたらくので，ボイル‐シャルルの法則は厳密には成り立たない．

理想気体の内部エネルギーは運動のエネルギーのみによると考えてよい．そして (9.6) からわかるように，理想気体の内部エネルギーは温度のみで決まり，体積には無関係である．

さて，気体の体積を一定にしたまま，1モルの気体の温度を 1℃上げるのに要する熱量を**定積モル比熱**という．(9.6) から，定積モル比熱 C_V は $3R/2$ である．R に数値を代入すると，

$$C_V = \frac{3}{2} R = 12.5 \text{ J/mol·K} = 3 \text{ cal/mol·K}$$

となる．この値はアルゴンやヘリウムのように，原子がそのまま分子である気体についての測定値とかなり良く一致する．水素や酸素，一酸化炭素のように分子が2つの原子からできている気体では，分子熱は約 5 cal/mol・K である．この相違は，与えられたエネルギーが並進運動のエネルギーと分子の重心の周りの回転運動のエネルギーとの両方に分配されるためであると考えると説明できる．温度が非常に低い場合や非常に高い場合には，分子熱は上の理論による結果とは異なっている．

液体の状態では，分子は互いに接近し，強い力で結びついていて，不規則

な振動をしている．気体になるとき，分子は分子間にはたらく力による束縛から脱するために，エネルギーを必要とする．気化熱はこれに使われる．

原子論の立場からは，**エントロピーは原子系の不規則さ，または乱雑さの度合い**であると考えられる．固体より液体，液体より気体の方が原子系はより不規則であり，エントロピーは大きい．

9.4 統計力学

気体分子は衝突によって絶えず互いにエネルギーを交換しているので，個々の分子のエネルギーは時々刻々増えたり減ったりしているであろう．気体全体のエネルギーは分子一つ一つのエネルギーを全部加えたものであるが，個々の分子のとり得るエネルギーの配置の仕方はいろいろありうる．図9.4には，極めて簡単な例が挙げてある．1個の分子のとり得るエネルギーが $n\varepsilon_0$ ($n = 0, 1, 2, \cdots$) というとびとびの値とする．全体は3個の分子から成っているとし，3個の分子のエネルギーの総計が $6\varepsilon_0$ であるとする．このとき，IからVIまでのような分子の分布が可能である．ところで，分子をa. b. c. と区別すると，Iの起こる場合は1通りであるが，IIの起こる場合は6通りである．したがって，Iの場合よりIIの場合の方が起こりやすいと考えられる．

どの部分が一番起こりやすいかは，分子の数が少ないときにははっきりし

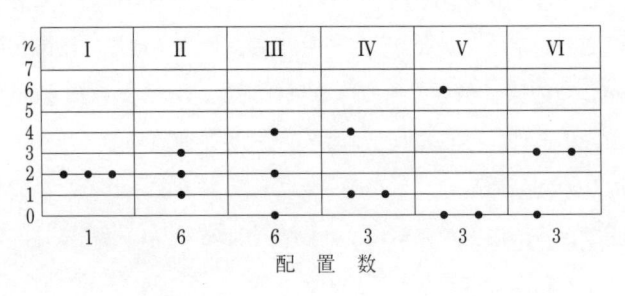

図9.4 全体でエネルギー $6\varepsilon_0$ をもつ3個の分子の分布と配置数

ないが，分子の数が極めて大きくなると，それらの中の特定の分布が最も起こりやすくなることが計算される．その最も起こりやすい特定の分布を求め，またそれを用いてたくさんの粒子の集団の全体としての性質を基礎づけようとする学問を**統計力学**とよんでいる．最も起こりやすい特定の分布は，個々の粒子がとり得るエネルギーについて与えられる条件によって異なってくる．

考えてみよう

[1] 温度 27°C，圧力1気圧のとき，体積 44.8×10^{-3} m³ の酸素の質量はいくらか．

[2] 0°C，1気圧のとき，酸素の密度は 1.43 kg/m³ である．0°Cでの酸素分子の速度を求めよ．

[3] アボガドロ数を 6.0×10^{23} 個として水素分子の質量を求めよ．

3章　電気と磁気

- 10. 静電気　　　　　　　　　*80*
- 11. 電流　　　　　　　　　　*88*
- 12. 磁界　　　　　　　　　　*96*
- 13. 変化する電界と磁界　　　*105*
- 14. 電気振動と電波　　　　　*114*

10 静電気

　ビニールなどの物質がこすれ合うと，ほこりや紙を吸い付けたり，手を近づけるとビリッと感じることがある．これは摩擦によって電気が起こったためである．18世紀頃には，電気はある種の流体であると考えられていた．今日では，物質を作っている原子が負の電荷をもっている電子と正の電荷をもっている原子核からできていて，それらの電子や原子核などの荷電粒子の運動や離合によって電気現象が生じると説明されている．しかし，電気とは何かとの問には私たちは答えられない．今日の物理学では，電気は質量と同じような究極的な一つの仮定である．
　ここでは，電気により起こる現象の研究の第一歩として，
　① 静止している電荷の間にはどのような力がはたらくか
　② 電気を帯びた物体（帯電体）の付近に物体を置くとどのような現象が生じるか

などについて述べ，これらについて簡単な説明を加えることにしよう．

10.1 クーロンの法則

　電気には正負二種の電気があり，同種同士では斥力，異種間では引力がはたらく．電気力の大きさは1785年にクーロン（Coulomb, フランス）によって実験された．図10.1はクーロンによって用いられたねじれ秤りである．真空中に点電荷（1点と見なしてよいような小さいところに集まっている電気）q_1とq_2が距離rを隔てて置かれていると，その間に力fが2点を結ぶ直線に沿ってはたらく．その大きさは

$$f = k\frac{q_1 q_2}{r^2} \qquad (10.1)$$

で表される。ただし，k は比例定数で，f が正なら斥力，負なら引力がはたらくとする。このような電気により生じる電気力 F を**静電気力**または**クーロン力**という。クーロンはこの関係式を誤差3％の精度で確かめた。今日では，r の指数2は 10^9 分の1まで正しいことが確認されている。

電気量の単位としてはC（クーロン）が用いられ，この単位は電流の単位A（アンペア）から導かれる。いま，長さをm（メートル）で測り，力の単位にN（ニュートン）を用いれば，**クーロンの法則**は，

$$f = \frac{1}{4\pi\varepsilon_0}\frac{q_1 q_2}{r^2} \qquad (10.2)$$

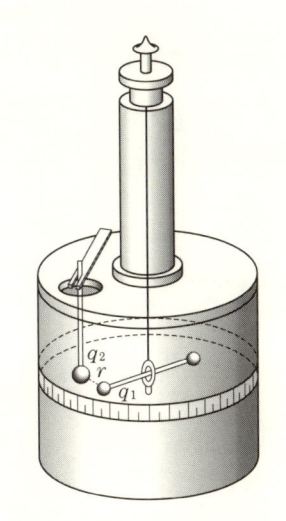

図10.1 クーロンの実験装置

と書かれる。ただし，

$$\varepsilon_0 = 8.85 \times 10^{-12} \text{ F/m} \qquad (10.3)$$

である。Fはファラッド（あとで説明する）である。

分母の 4π は他の関係式を簡単にするためのものである。$1/4\pi\varepsilon_0 = 9.0 \times 10^9$ である。ここに用いた単位系を **MKSA有理単位系**という。クーロンの式の k を1とおき，この式より電気量の単位を定めることもある。この単位系を**静電単位系**（CGS esu）という。

10.2 電界と電位

帯電体の付近に点電荷 q をもってくると，各場所で q に力がはたらく。このように，電荷に力をおよぼす空間を**電界**という。q が単位の正電荷のと

き，これにはたらく力をその場所での**電界の強さ**という．いくつかの点電荷が1つの点電荷におよぼす力は，各点電荷が独立しておよぼす力のベクトルの和で与えられる．q (C) の点電荷から r (m) の距離にある点の電界の強さの大きさは

$$E = \frac{1}{4\pi\varepsilon_0}\frac{q}{r^2} \tag{10.4}$$

で与えられる．

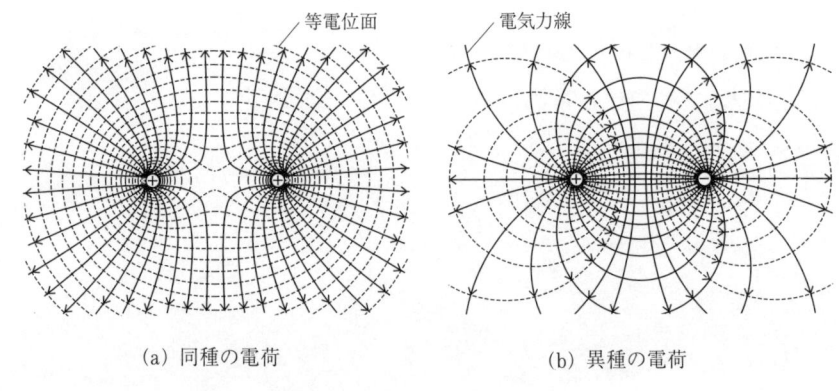

(a) 同種の電荷　　　　　(b) 異種の電荷

図 10.2　点電荷により生じる等電位面と電気力線

　電界の様子を表すには，電気力線が用いられる．**電気力線**は曲線の接線が各点の電界の向きと一致するように引かれた線で，図 10.2 の実線が電気力線である．点線はあとに説明する等電位面である．宇宙に存在する正電荷の量と負電荷の量の絶対値は等しく，正電荷から発した電気力線は必ず負電荷に終り，途中で消滅したり発生したりすることはないと考えられる．

　図 10.3 に示すように，電界がおよぼす力に逆らって，単位の正電荷を基準点 O から他の点 A までゆっくり移動させるとき外力がした仕事を，点 A の**電位**または**静電ポテンシャル**という．理論的には無限遠を基準点にとるが，

実用的には地表面を基準点にとる．

　電位の等しい点をつなぐと等電位面ができる．等電位面上を電荷が移動しても仕事を必要としない．すなわち，電界の向きは等電位面に垂直になっている．図10.2の点線は等電位面の断面を示している．等電位面は地形上の等高線に，電界の強さは傾斜に相当する．

　2点間の電位の差を**電圧**または**電位差**という．電界内の2点間で1Cの電荷を動かすときの仕事が1J（ジュール）となるときの電位差を1V（ボルト）という．

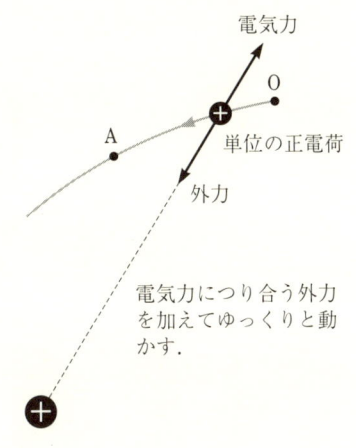

図10.3 電界中の単位の正電荷の移動と電位

10.3 導　体

　物質は電気的性質によって，**導体**と**誘電体**（または絶縁体）に大別される．導体の代表である金属は結晶体で，原子が規則正しく並んでおり，1原子当り約1個の電子が自由に動くことができる．このような自由に動き回ることのできる電子を**自由電子**という．金属が負に帯電したときは自由電子を過剰に得た状態，正に帯電したときは自由電子を失った状態にあるときである．

　導体に電気を与えると，電気は瞬間的に分散して定常状態に達し，導体全体は同じ電位になる．もし電位の異なる点があると，電気はすぐに移動し，電位差は失われてしまうであろう．導体全体が等電位になるので，導体内には電気力線はない．したがって，内部には電気（正味の）は存在せず，電気はすべて導体の表面に集まる．

　電界中に置かれた導体には電気が発生する．図10.4 (a) のように，2個の金属球を絹糸で吊るし，接触させたまま帯電体に近づける．その位置で金

10. 静電気

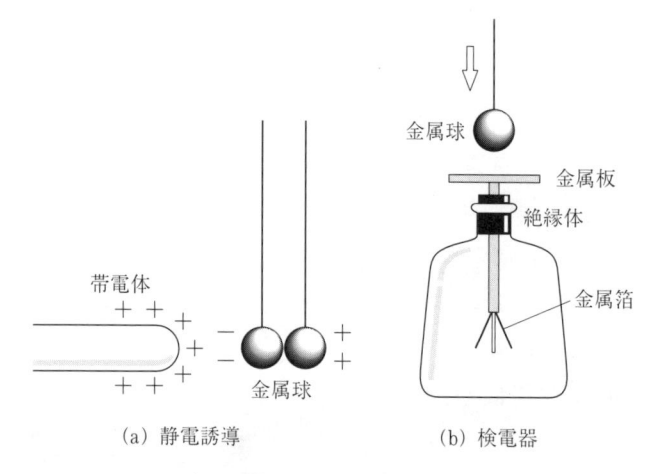

(a) 静電誘導 　　　(b) 検電器

図 10.4　静電誘導

属球を引き離し，1つずつ (b) の検電器に近づけてみると金属箔が開くので，金属球はそれぞれ帯電していることがわかる．しかし，金属球を引き離さないで一緒に検電器に近づけても金属箔は開かない．したがって，それぞれの金属球に生じた電気は等量でかつ異符号であることがわかる．このように，電界内に置かれた導体に電気が発生する現象を**静電誘導**という．

　先に，電界を表す量として単位正電荷にはたらく力を用い，その点の電界の強さとしたが，次に示すように，静電誘導の現象を利用して電界の状態を表すこともできる．図 10.5 のように，小金属板を2枚重ねたまま電界内に入れ，その位置で引き離すと，金属板に電気が生じるが，電気の量は始め置いた板の方向によって異なる．発生する電気の量は図のように，電気力線に垂直に置いたときが最も多く，平行に置くとほと

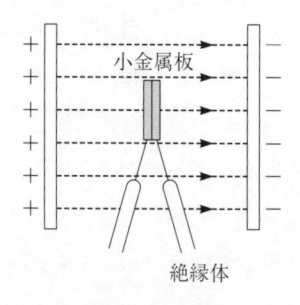

図 10.5　静電誘導による金属板の帯電

んど発生しない．板に最も多くの電気量が発生するとき，板の法線方向は電気力線の方向を向いている．このときの単位面積当りの電気量を大きさとするベクトルを考え，これをその点の**電束密度**という．

電束密度と電界の強さは比例する．電束密度を D，電界の強さを E とすると，

$$D = \varepsilon_0 E \tag{10.5}$$

の関係がある．電束密度の単位は C/m^2 である．

引き張られたゴムの膜の状態を表すには，各点にはたらいている力（応力）ではなく，伸びによる方が便利である．伸びと応力の関係が知られていれば，伸びから応力分布も容易に求められる．同じように，電束密度は伸びに，電界の強さは応力に対応させることができる．

導体に電気を与えるとその電位が上昇するが，その上がり具合いは導体の大きさ・形ばかりでなく，その付近に他の導体が存在するかどうかにも関係する．特に，そのそばにある導体が接地されているときには，電位の上昇は少ない．

多くの電気を蓄える目的で 2 つの導体を並べて作った装置を**コンデンサー**という．2 つの導体にそれぞれ $Q, -Q$ の電気を与えたとき，導体間の電位差 V は Q に比例する．

$$CV = Q \tag{10.6}$$

C をコンデンサーの**静電容量**という．1C の電気量を与えると電位差が 1V 増加するときの静電容量を 1F（ファラッド）とする．平行な 2 枚の金属板からできているコンデンサーの静電容量は板の面積に比例し，板の間隔に反比例する．

10.4 誘電体

図 10.6 のように，コンデンサーの極板 A に検電器をつなぎ，極板に電荷を与えると，箔は開く．次に，極板の間にガラスや油などの誘電体を入れる

と，箔の開きは減少する．これは，検電器の箔と極板Aとは始め同電位にあったが，Aの電位が下がったので，再び同電位になるまで検電器から一部の電荷がAに移り，検電器の電荷が減少したためである．すなわち，誘電体を入れると極板間の電位差が減少する．また，このことは極板間の電界の強さが減少したことを意味している．

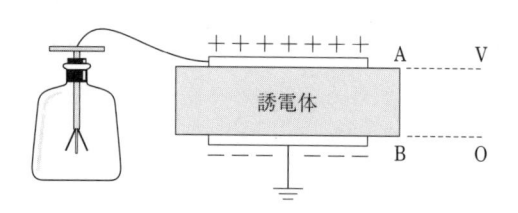

図 10.6 コンデンサーの帯電

このような現象はどうして起こったのであろうか．われわれは物質の分極を仮定することによって説明することができる．極板に電荷を与えると，それらが作る電界のため，誘電体の分子（原子）内の正と負の電荷が分極を起こし，図 10.7 (a) のようになると考えられる．このように，物質内の電荷が正と負に分離されることを**分極**という．巨視的には，(b) のように誘導体の両極に電荷を生じる．この電荷を**分極電荷**，極板に与えられた電荷を**真電荷**ということがある．分極電荷は他の電荷に作用をおよぼす点では真電荷と全く同じである．ただ，真電荷は一つの物体から他の物体に移ることができるが，分極電荷はその分子内にとどまっており，他の物体へはもちろん，

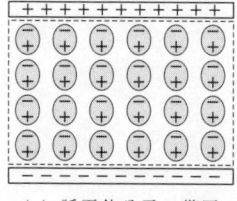

(a) 誘電体分子の帯電　　(b) 巨視的分極

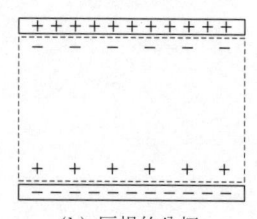

図 10.7 コンデンサーの分極

一つの物体の他の部分にも移動できない．分極電荷は真電荷のはたらきを打ち消すようにはたらき，コンデンサーの極板間の電界の強さが弱められる．したがって，極板に同量の電荷（真電荷）を与えても誘電体があるときは，電位差が小さい．いいかえれば，コンデンサーの電気容量が増加する．この関係を用いて，実験的にコンデンサーの静電容量を測定し，誘電体の分極の大小を定めることができる．ただし，電気はこの程度の説明では流体説，電子説いずれによっても説明できる．

考えてみよう

[1] 電気力線に垂直な単位面積を通る電気力線の数がその点の電界の強さに等しくなるようにするには，単位の電荷から何本の電気力線を引けばよいか．

[2] 検電器に正負不明の電荷を与えてある．負に帯電したエボナイト棒をゆっくりと近づけていくと，金属箔の開きが減少したあと，再び開いた．始め検電器にあった電気の符号は何か．

[3] 平板コンデンサーの両極板間の電位差が $100\,\mathrm{V}$ で，極板間の距離が $0.001\,\mathrm{m}$ のとき，

（a）極板間の電界の強さはいくらか．

（b）このコンデンサーの静電容量を $4.2 \times 10^{-9}\,\mathrm{F}$ とすれば，極板上の電気量はいくらか．

（c）電気量を一定に保ったまま極板間の距離を増加していくと，電界の強さ，極板間の電位差はどうなるか．（電気力線を考えてみよ．）

11 電流

電位の異なる物体を導線で結ぶと，電気の流れ，すなわち電流を生じるが，その電流は瞬間にしてなくなってしまう．時間的に変化しない電流（直流），または定常電流を生じさせるには，回路を作り，その途中に電池を入れればよい．このとき，ポンプによって管内を循環している水のように，電気は一つの閉じた回路内を循環する．電流は導線の部分に発生する熱の量や近くに置いた磁石の向きの変化によって測ることができる．ここでは，やや微視的な立場から電流を取扱ってみよう．

11.1 金属内の電流

金属内では，**金属イオン**（金属原子から自由電子のとり除かれたもの）が規則正しく整列した空間を電荷 $-e$ をもつ自由電子が非常に速い速さで自由に動き回っている．ただし，自由電子はあらゆる方向に等しく運動しているので，これだけでは電流（一つの方向への流れ）は生じない．この金属に電界 E をかけると，自由電子は電界と反対方向に大きさ eE の力を受けて流れるので，電流が電界方向に流れる．同時に，流れる電子は金属イオンから抵抗力を受ける．抵抗力は速さに比例して増加する．速さがある値に達すると抵抗力と電気力が等しくなり，電子は等速運動を行う．このときの速さを v とすると，

$$eE = kv \qquad (11.1)$$

11.1 金属内の電流

が成り立つ．k は比例定数で，この速さを電子の**流動速度**という．

さて，導体の単位体積内に n 個の自由電子があるとすると，断面積 S，単位時間に電子が流動する距離 v の導体内にある自由電子の数は nSv，電気量は $-enSv$ となる．一方，電流はある断面を単位時間に通過した正電荷量とその方向によって表すことが約束されている．そこで，電流の方向と自由電子の流動速度の方向とは反対であることに注意して，電流の大きさ I は，

$$I = enSv$$

これを (11.1) に代入すると，

$$I = \frac{e^2 n}{k} SE \tag{11.2}$$

となる．2 点 A, B の電位を V_A, V_B, AB 間の距離を l とすると，

$$E = \frac{V_A - V_B}{l} \tag{11.3}$$

の関係があるので，これを (11.2) に入れると，

$$I = \frac{e^2 n}{k} \frac{S}{l} (V_A - V_B) \tag{11.4}$$

となる．ここで，

$$\frac{k}{e^2 n} \frac{l}{S} \equiv R \tag{11.5}$$

とおけば (11.4) は，

$$RI = V_A - V_B \tag{11.6}$$

$V_A - V_B$ は 2 点間の電位差であるので，これをあらためて V とおくと，

$$RI = V \tag{11.7}$$

となる．

この関係はオーム（Ohm, ドイツ）がすでに 1826 年に実験的に求めていたもので，**オームの法則**とよばれる．R を 2 点間の**電気抵抗**という．(11.5) からわかるように，電気抵抗は導線の長さに比例し，断面積に反比

例する．電気抵抗の単位は Ω（オーム）である．

　自由電子模型からオームの法則を導いたが，さらに次のことも推論することができる．その一つは，電気抵抗の温度による変化である．温度が上昇すると，電子の熱運動の速度が増し，金属イオンの振動の振幅が大きくなる．そこで，電子と金属イオンの衝突回数が多くなる．その結果，(11.1) の k の値が大きくなり，電気抵抗が増加することになる．実験によれば，一般に金属の電気抵抗は温度上昇と共に増加する．

　また，電気伝導と熱伝導の関係であるが，一般に電気の良導体である金属は熱の良導体でもある．金属の熱伝導は，主として金属内の高温部分で極めて大きい速度を有している自由電子が低温部分に急速に拡散し，運動エネルギーを与えることによって起こると説明されている．

　これらの推論は実験と詳細に比較すると，完全には一致しない．それはわれわれの模型があまりにも簡単すぎるからである．表 11.1 に物質の電気抵抗とその温度係数を示した．

表 11.1 金属および合金の電気抵抗と温度係数

金属・合金	温度 (°C)	ρ ($\times 10^{-8}$)	α ($\times 10^{-3}$)
アルミニウム	20	2.7	4.2
銀	20	1.62	4.1
鉄	20	9.8	6.6
銅	20	1.72	4.3
鉛	20	21	4.2
白金	20	10.6	3.9
水銀	20	95.8	0.99
タングステン	20	5.5	5.3
インバール	0	75	2
真鍮	室温	5〜7	1.4〜2
銅	室温	10〜20	1.5〜5
ニクロム	20	95〜104	0.3〜0.5
洋銀	室温	17〜41	0.4〜0.38

ρ：抵抗率（断面 1 m²，長さ 1 m の抵抗）
α：0〜100°C までの平均温度係数

11.2　溶液内の電流

　図 11.1 のように，食塩水と希硫酸に電極を接続しスイッチを入れると，電流が流れ，各電極から気体が発生する．これは，食塩水中を電気が通ると共に，化学変化が起こっていることを示す．このような現象を**電気分解**とい

い，液体や固体内で陽イオンと陰イオンに電離する物質を**電解質**という．

ファラデー（Faraday，イギリス）は電気分解について調べ，1834年に**ファラデーの法則**を見出した．

① 電流が電解質溶液中を流れるとき，発生する物質の質量は通過した電気量に比例する．

② 種々異なる電解質中を等しい電気量の電気が通過するとき，発生する物質の質量はその化学当量に比例する．

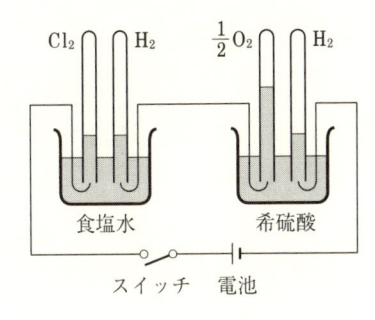

図 11.1 電気分解による気体の発生

化学当量は原子量と原子価との比で，原子の**原子価**とはその原子が化合する水素原子の数である．表11.2のような値が得られており，水素が1g発生するときには，酸素は8g，塩素は35.5g発生することがわかる．水素1.008gを発生させるには，96490Cの電気量を必要とする．この値を**ファラデー定数**という．

表 11.2 ガス分子の化学当量

	原子量	原子価	化学当量（概数）
水素	1.008	1	1
酸素	15.999	2	8
塩素	35.453	1	35.5

アレニウス（Arrhenius，スウェーデン，1887）によれば，電流が流れていないときでも，電解質は溶液中で正電荷をもつ陽イオンと負電荷をもつ陰イオンに分かれている．（イオンというよび名はファラデーに始まる．ギリシア語で"動くもの"という意味である．）

たとえば，食塩はナトリウム（Na）原子と塩素（Cl）原子の化合物であるが，水溶液中に入れるとNaイオン（陽イオンでNa^+と表示する）とClイオン（陰イオンでCl^-と表示する）とに分かれる．このことを

$$NaCl \rightarrow Na^+ + Cl^-$$

と表す．同様に，硫酸 H_2SO_4 は

$$H_2SO_4 \rightarrow 2H^+ + SO_4^{2-}$$

と2つの水素イオン $2H^+$ と硫酸イオン SO_4^{2-} に分かれる．硫酸イオンは原子団 SO_4 が負の電気をもった状態である．水素イオン，塩素イオン等は1価イオンである．1価イオンのもつ電気量の絶対値はすべて等しい．SO_4^{2-} は2価イオンで，1価イオンの2倍の電気量をもっている．

電解質に電極を挿入して電圧をかけると，陽イオンは負の電極に向かって移動し，陰イオンは正の電極に移動する．正の電極に達した陰イオンは余分な電子 e^- を電極に与えて原子の状態に，負の電極に達した陽イオンは電極から電子をもらって原子の状態になり，直ちに周囲の原子と結合して分子を作るか，電極や溶媒などのほかの物質と化合する．

たとえば，陰極では，

$$2H_2O + 2e^- \rightarrow H_2 + 2OH^-$$

陽極では，

$$2Cl^- \rightarrow 2Cl + 2e^-$$
$$2Cl \rightarrow Cl_2 \uparrow$$

また，陰極では，

$$2H^+ + 2e^- \rightarrow 2H$$
$$2H \rightarrow H_2 \uparrow$$

陽極では，

$$2H_2O \rightarrow O_2 + 4H^+ + 4e^-$$

となる．

電解質中ではイオンによって電気が運ばれ，かつ1価イオンはすべて等しい電気量をもっているので，

$$\frac{\text{イオンのもつ電気量}}{\text{イオンの質量}} = \frac{\text{電解質中を通過した電気量}}{\text{発生した物質の質量}}$$

となり，イオンの質量に対するイオンのもつ電気量の比，すなわち**比電荷**を実験的に簡単に求めることができる．水素イオンについては，

$$\frac{96490}{1.008} = 95720 \, \text{C/g}$$

$$= 9.572 \times 10^7 \, \text{C/kg}$$

となる．電解質溶液における電圧と電流の関係は，金属導体の場合と同様にほぼ直線となる．

11.3 起電力

電池がボルタ（Volta，イタリア）によって初めて作られたのは，1799年である．ボルタの発明が伝えられると，翌年にはイギリスにおいて水の電気分解が行われた．その年，ボルタはナポレオンによってパリに招かれ，電池の実験を行い，レジオン・ドヌール勲章をもらった．ボルタの電池は希硫酸または食塩水中に銅と亜鉛の板を立てたものである．銅板と亜鉛板を導線で結ぶと，導線内に銅から亜鉛の方へ向かう電流が流れる．ボルタの電池は比較的短時間に衰えるので，後に寿命の長い標準電池，くり返し用いられる蓄電池，持ち運びに便利な乾電池が考案された．

電池のはたらきを理解するため，ボルタの電池について考えてみよう．図 11.2 にボルタの電池を示す．亜鉛の原子が電子を亜鉛板に与え，陽イオンとなって希硫酸中に溶け込み，そこにある水素イオンを銅板の方へ押しやる．銅板より水素イオンが電子を受けとり，水素ガスとなって放出される．この結果，亜鉛板は負の電気を帯び，銅板は正の電気を帯びることとなる．

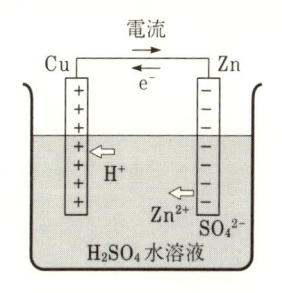

図 11.2 ボルタの電池

このようにして，電池内では硫酸と亜鉛が化合して硫酸亜鉛と水素を生じる化学反応が起こり，これにともない，電子が外部の線を伝わって亜鉛板から銅板に移動する．すなわち，銅板から亜鉛板に電気が流れる．溶液中の Zn^{2+} イオンが増加すると，水素イオンを追い返すような電気的力が強くなるので，ある値に達すると反応は止まってしまう．両極板間の電位差を電池の**起電力**という．

一般に，電解液に異なる金属板を浸すといつでも電池ができる．ボルタの電池の起電力は約 $1.1\,\mathrm{V}$，一般の乾電池の起電力は $1.5\,\mathrm{V}$ である．

極板を導線で結ぶと，導線を通って電流が流れ電位差は減り，イオンにはたらく起電力は減る．化学反応による力は電位差には無関係に一定であるから，正電荷を陽極に運び電位差を一定に保とうとする．起電力を"力"と同じように考えてはならない．起電力は，単位の正電荷を負の電極から正の電極まで運ぶために外力（電池の場合には，化学反応による力）がした仕事量である．よって，電池が回路に与えた単位正電荷当りの化学エネルギーであるといってもよい．

電流を $I\,\mathrm{(A)}$ とすれば，毎秒 $I\,\mathrm{(C)}$ の電気が動くのであるから，電池の起電力を $V\,\mathrm{(V)}$ とすれば，電池は毎秒 $VI\,\mathrm{(J)}$ のエネルギーを供給していることになる．このエネルギーは電気によって運ばれる間に熱となって失われたり，電動機を通じて機械的なエネルギーに変えられたりする．電位差が $V_A - V_B$ の2点間で失われる電流 I のエネルギーは毎秒 $(V_A - V_B)I$ である．このエネルギーが全部熱エネルギーに変ったとすると，毎秒発生する熱量 Q は，

$$Q = \frac{1}{J}(V_A - V_B)I \text{ kcal/s} \quad (11.8)$$

で与えられる．J は**熱の仕事当量**で，$4.2 \times 10^3\,\mathrm{J/kcal}$ である．オームの法則 $V = IR$ を代入すると，

$$Q = \frac{1}{J} RI^2 \text{ kcal/s} \tag{11.9}$$

と表すこともできる．この関係を**ジュールの法則**（Joule，イギリス，1841）という．

1秒間当りの電流のエネルギーを**電力**といい，単位にW（ワット）を用いる．

電力(WまたはJ/s) ＝ 電位差(V) × 電流(A)

である．また，3600 J を 1 ワット時 (Wh) という．

考えてみよう

[1] 硫酸銅水溶液に 5 A の電流を 1 時間流すと，何グラムの銅が生じるか．銅の原子量は 63.54 であり，原子価は 2 である．

[2] 酸素イオンの比電荷はいくらか．

[3] 600 W の電熱器を 100 V の電源につないだとき，
 (a) 何アンペアの電流が流れるか．
 (b) 10 分間に発生する熱量は何キロカロリーか．
 (c) 電流を流しているときの電熱器の抵抗はいくらか．

12 磁 界

　電気と磁気は多くの類似点をもっている．したがって，その間に密接な関係があると考えられる．ところで，万有引力や電気力はいずれも2点を結ぶ線に沿ってはたらく引力または斥力である．電池の両極と磁石の間に力がはたらくとしても，万有引力と同じ種類のものであろうと考えられていた．1819年の冬のある日，エルステッド（Oersted，デンマーク）は講義の際，偶然にも電流の流れている導線の近くにある磁針が振れるのを発見した．この報告を伝え聴いて，1920年にアンペール（Ampére，フランス）は電流と電流の間にも力のはたらくことを実験で示した．同年，アラゴー（Arago，フランス）は電流によって磁針が磁石になることを発見した．これらの発見に始まって，電磁気学は急速に発展したのである．ここでは，
　　① 磁石の間にはどのような力がはたらいているのか
　　② 電流と電流との間にはどのような力がはたらくのか
についてくわしく調べてみよう．

12.1 磁 石

　垂直軸の周りに自由に回転できる方位磁石の磁針は南北の方向を指して止まる．これは磁針をこの方向に向かせようとする何等かの力がはたらいているからであると考えられる．このように，磁石に力をおよぼす場所を**磁界**という．磁針の北極（N極）が指す方向を**磁界の方向**と定める．磁針が回転するのみで，全体として移動しないのは，簡単には，磁針の両端に正と負の同量の"**磁気**"があり，それらが磁界によって互いに反対方向に引かれるか

らであると説明される．

単位の正の磁気にはたらく力を**磁界の強さ**という．誤解を生じない限り，磁界の強さを単に磁界ということもある．磁気は電気のように磁針から取り出すことはできない．磁石はどんなに細かくしても，その小片はすべて磁石であって両極をもっていて，N 極だけの磁石や S 極だけの磁石を作ることはできない．この点からすると，磁石は分極した誘電体に似ている．

大きい磁石の周囲に小さい磁針を多数置き，それらの方向を結ぶと，図 12.1 のように**磁力線**が得られる．また，磁石の上にガラス板を置いて，その上に鉄粉を振りまき軽くたたくと，鉄粉が小磁石となって磁力線の方向に並ぶ様子が見られる．

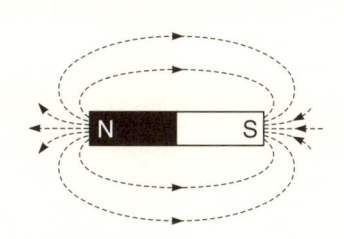

図 12.1 磁石により生じる磁力線

12.2 電流と磁界

図 12.2 (a) のように，円形に曲げた導線の面の垂直方向 OA が南北を向くようにし，その中心に小磁針を置く．そして，右ねじが北の方向を向くよ

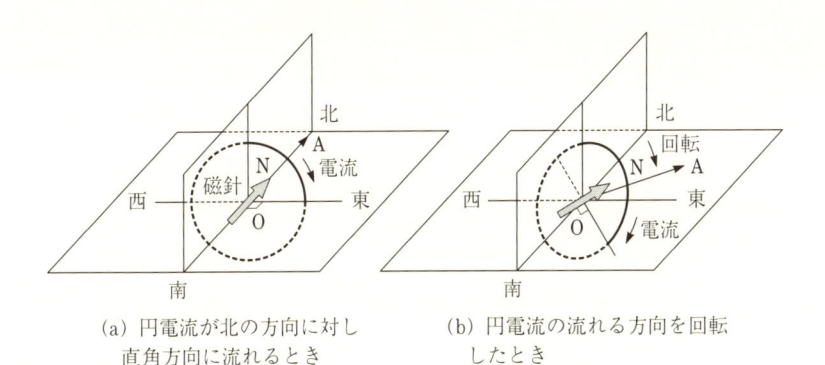

(a) 円電流が北の方向に対し直角方向に流れるとき

(b) 円電流の流れる方向を回転したとき

図 12.2 電流の向きと磁界の向きの関係

12. 磁 界

うにして，右ねじを回す向きに電流を導線に流す．この状態では，小磁石の向きは南北を向いて変らない．次に，図 (b) のように，OA が東を向くように導線を次第に回転していくと，それにつれて小磁針は東の方向に傾く．しかし，OA の方向とは一致しない．また，導線の面を逆の方向に回していくと，小磁針は西の方向に傾く．これらのことから，次のことが考えられる．

"円形の導線に右ねじを回す方向に電流を流すと，ねじの進む方向に磁針の N 極を向けるような磁界が発生する．"

なお，図 (b) で磁針の向きが OA の方向と一致しなかったのは，地球上では常に地球の磁界があるので，図 12.3 のように，電流の流れていないときは小磁針は南北を指すが，電流が流れていると電流による磁界と地球の磁界とのベクトル和の方向に小磁針が向くためである．

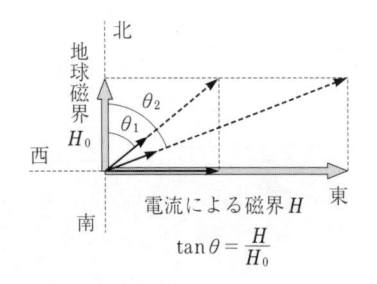

図 12.3 地球の磁界と電流による磁界の合成

$$\tan\theta = \frac{H}{H_0}$$

さて，磁界がベクトルの和で与えられることがわかれば，さらに進んで，円電流の中心の磁界と電流の関係および円電流の中心の磁界と円の半径との関係などを実験によって求めることができる．実験によれば，円電流の中心の磁界の大きさは電流の大きさに比例し，円の半径に反比例する．したがって，円形導線の半径と導線を流れる電流を求めれば円電流の中心の磁界が定まり，これより磁界の単位を定めることができる．

半径 0.5 m の導線に 1 A の電流を流したときの円の中心の**磁界の大きさ**を 1 A/m と定義する．この単位を用いると，円電流の中心の磁界の大きさは，流れる電流を I，円の半径を r とすると，次のように表される．

$$H = \frac{I}{2r} \tag{12.1}$$

また，1 A/mの磁界内に置いた磁極にはたらく力が1Nであるときの磁気を**磁気の単位量**とする．したがって，一般に磁界 H の点に磁気量 m の磁極を置いたとき，この**磁極にはたらく力**（磁気力）F は，

$$F = mH \tag{12.2}$$

で与えられる．

　磁界を測るには，他にもっと正確な種々の方法がある．たとえば，糸で吊るした磁針を磁界内に置き，少し傾けて放すと，つり合いの位置の付近で振動する．その振動数より，磁界の大きさを求めることができる．

　次に，円電流の中心の磁界が，円周を細分したそれぞれの部分の電流から生じる磁界を合成したものであると考えれば，円周上の単位の長さによって中心に生じる磁界 H_1 は $H/2\pi r$ となり，これに (12.1) を代入すると，

$$H_1 = \frac{I}{4\pi r^2}$$

となる．この際，電流の方向と円の半径 r とは垂直に交わっている．一般に，図12.4のように，点Pに生じる磁界の大きさは電流の方向と r とのなす角が θ のときは，電流 I の r に垂直な成分をとることとし，上式の I の代りに $I\sin\theta$ でおきかえるとよい．したがって，単位長さの導線により生じる磁界の大きさは，

$$H_1 = \frac{I\sin\theta}{4\pi r^2} \tag{12.3}$$

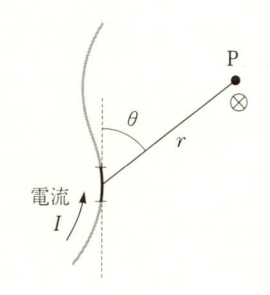

図12.4 単位長さの導線を流れる電流 I により点Pに生じる磁界の大きさ

である．ただし，磁界の方向は図12.4で示したように（⊗は紙面の表から裏への方向），電流と r とで定まる平面に垂直で，電流の方向を r の方向に重ねるようにして右ねじを回すときのねじの進む方向である．図では，点Pと電流の方向と r はすべて紙面内にあり，点Pの磁界は紙面に垂直に表から裏側に向かう．上の関係を**ビオ－サバー**

ルの法則（Biot‐Savart，フランス，1820）という．この法則に基づいていろいろな場合について計算した結果は，実験とよく一致する．

　直線上を流れる電流の場合には，図12.5のように磁力線は電流に垂直な平面上の同心円となり，距離 r の点 P の磁界の大きさは，

$$H = \frac{I}{2\pi r} \text{ A/m} \quad (12.4)$$

である．

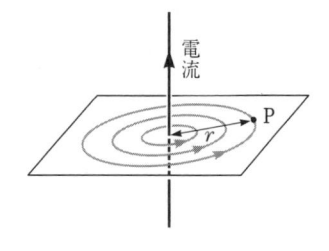

図12.5 電流の周りに生じる磁力線

　次に，直線上を流れる電流によって生じる磁力線に沿って正の方向に単位の正磁荷を一周させるとき，磁界のする仕事 W は，

$$W = \frac{I}{2\pi r} \times 2\pi r = I \text{ J} \quad (12.5)$$

である．これと同じ結果が，一般に任意の経路に沿って電流が回路を一周するときに得られる（証明は省略）．これを**アンペールの法則**という．

　静電界が電荷，たとえば点電荷にする仕事と万有引力の場が質点にする仕事はどちらも動かした経路が閉曲線であればゼロになる．すなわち，電界が点電荷にする力や万有引力は保存力である．しかし，電流により生じる磁界が磁気におよぼす力は保存力ではない．

12.3　磁界が電流におよぼす力

　電流が磁界を生じ磁気に力をおよぼすと同時に，磁気は電流に力をおよぼすと考えられる．力学における作用・反作用の法則がここにも成り立つと考えられるのである．しかし，その内容は少し異なる．力学での作用と反作用は一直線上にはたらくが，電流と磁気との場合は一直線上にはない．図12.6のように，電流が磁気におよぼす力 F は両者を含む面に垂直な方向を

向くので，磁気が電流におよぼす力もその線に垂直な方向を向くと考えられる．このことは，同図に示す実験によって，定性的に示すことができる．

図のように，力が加わると動くことのできる導線を磁石の極の間に置き，電流を流すと，導線は電流と磁力線とに垂直な方向に動く．この方向を記憶する方法に，"左手の親指，人差し指，中指を互いに直角に開き，人差し指を磁界の方向に，中指を電流の方向に向けると，親指の方向に力がはたらく"という**フレミングの左手の法則**がある（Fleming, イギリス）．

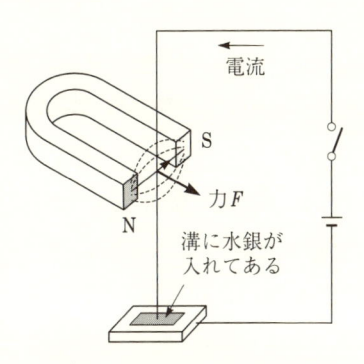

図12.6 磁力線と電流が受ける力の関係

単位長さの電流が磁気量 m におよぼす力について，図12.7を用いて考えよう．単位長さの電流が磁気におよぼす力を F_1 とすると，(12.2) および (12.3) から，

$$F_1 = \frac{mI\sin\theta}{4\pi r^2}$$

となる．これと等しい力が電流にもはたらくが，その力を表すには次のように書き換えるとよい（図12.7参照）．

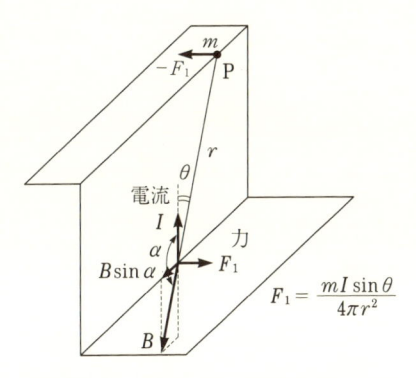

図12.7 単位長さの電流が磁気におよぼす力

$$F_1 = IB\sin\alpha \qquad (12.6)$$

ただし，$\alpha = \pi - \theta$ で，B は**磁束密度**といい，

$$B = \frac{m}{4\pi r^2}$$

である．B は磁気量 m によって電流の所に生じる場で，電流に作用をおよぼす．$B\sin\alpha$ は磁束密度の電流に垂直な成分である．

12.4 電流の間にはたらく力

図 12.8 のように，互いに平行に張られた導線に同方向の電流が流れているとき，導線間には引力がはたらく．このことは次のように説明される．2 つの電流の大きさを I_1, I_2, 2 つの導線間の距離を r とすると，I_1 によって点 Q に生じる磁界の強さは (12.4) より

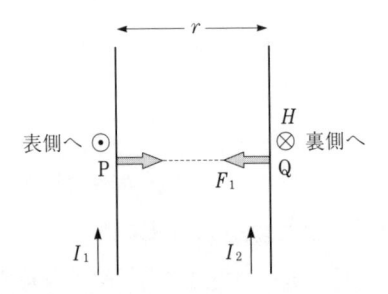

図 12.8 電流同士の間にはたらく力

$$H = \frac{I_1}{2\pi r}$$

である．点 Q の磁束密度を $B = \mu H$ とおきうるものとすれば，電流 I_2 の単位の長さにはたらく力 F_1 の方向はフレミングの左手の法則から図のように定まり，またその大きさは，

$$F_1 = I_2 B = I_2 \mu H = \frac{\mu I_1 I_2}{2\pi r} \tag{12.7}$$

となる．μ は**透磁率**とよばれ，導線の置かれている媒質に関係する．真空中の透磁率を（真空透磁率）μ_0 で表せば，その値は，

$$\mu_0 = 4\pi \times 10^{-7} \text{ H/m}$$

である．これを (12.7) に入れると，

$$F_1 = \frac{2I_1 I_2}{r} \times 10^{-7}$$

となる．この式は電流の単位 A（アンペア）を定める基礎の式である．

"真空中に1mの間隔をおいて無限に長い2本の導線を平行に置き，これに相等しい電流を流したとき，1m当り 2×10^{-7} N の力を生じるような電流を1Aとする"のである．実際には，図12.9のように2つの固定したコイルの間に可動コイルを置いて，これらの間にはたらく力を測定して電流を定める．

磁界が電流におよぼす力を利用した装置には，電流計や直流電動機がある．

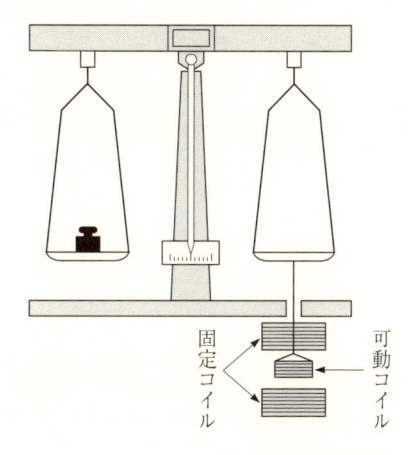

図12.9 コイルに流れる電流の計測装置

考えてみよう

[1] 半径5cmの円形コイルの面を地球の水平面の鉛直線と南北の方向を含む位置に置き，1.4Aの電流を流したところ，中心にある磁針が南北から30°傾いて止まった．
 (a) 電流によって中心に生じた磁界の強さはいくらか．
 (b) その場所の地球磁気の水平分力はいくらか．

[2] 図12.10において，A，Bは互いに平行な直流電流の断面である．Aには紙面の裏側から

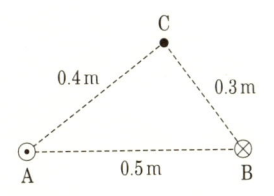

図12.10 点Cと電流の位置関係

表側に向かう電流があり，Bにはこれと反対向きの電流がある．両方の電流の大きさは等しいとする．

(a) 点Cの磁束密度の方向を求めよ．
(b) 点Cに点Bの電流と同じ向きの直流電流を流すとき，これにはたらく力の方向を求めよ．

13 変化する電界と磁界

 前章では，磁石も電流も磁界を生じること，また磁界を生じるもの同士の間には力がはたらくことを学んだ．帯電体の間に力がはたらくことは，それぞれの帯電体が電界を生じ，その電界の間に力がはたらくと考えることで理解できる．ところで，静止している電荷による電界と磁石による磁界との間には何等の力もはたらかない．それでは，
① 磁界が時間的に変化するときはどのような現象が起こるであろうか
② 電界が時間的に変化するときはどのような現象が起こるであろうか
調べてみよう．

13.1 電磁誘導

 帯電体の近くに置かれた導体に電気が誘導されることは電気誘導といい，よく知られている．電気の流れている回路の付近に他の回路を置くとその回路に電流が生じるのではないだろうか．ファラデー（Faraday, 1831）は図 13.1 のように，環状の軟鉄の棒に 2 つのコイルを巻き，一方のコイル A に検流計（電流の流れていることを知る装置，この時代は数回巻いた

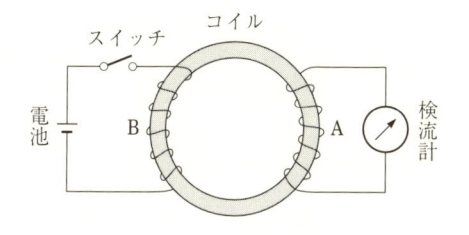

図 13.1 ファラデーの誘導電流測定実験

コイルの中に磁針を置いたものが用いられた）を，他方のコイル B に 10 個の電池をつないでみた．すると A に電流は流れたが，彼の予想とは全く違っていた．B に電流が流れているとき，A には電流が流れず，B に電池をつないだり切ったりした瞬間にのみ A に電流が流れた．また，コイルの中に磁石を出し入れしてみると，入れる瞬間と出す瞬間にだけコイルに電流が流れた．このような電流を一般に**誘導電流**といい，またこの現象を**電磁誘導**という．

　これらの実験において，コイル A 内の磁力線について考えてみよう．図 13.2 のように，コイル B に電流を流すか，または磁石の N 極をコイル A に近づけると，コイル A 内の磁力線が増加する．このとき，A には同図に示す方向に誘導電流が流れる．この誘導電流によってもまた磁力線を生じるが，その方向は B による磁力線を打ち消す方向になっていた．

　また，B に流れている電流を止めるか，または磁石の N 極を遠ざけると，A には前と反対方向の誘導電流が流れ，このとき生じる磁力線の方向は B が今まで作っていたものと同じ方向になる．

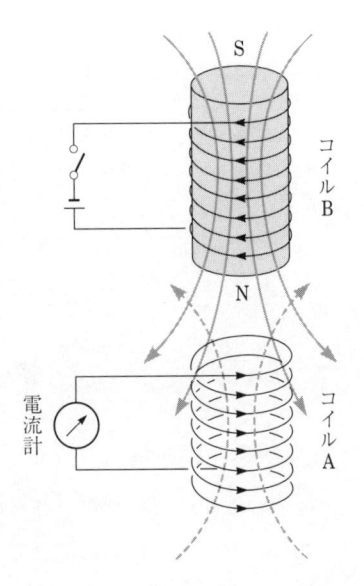

図 13.2　コイル内の磁力線の変化によるコイルを流れる電流

　そこで，これらをまとめて次のように表現することができる．

　　　"誘導電流はコイル内の磁力線の数（磁界の強さ）が変化するときに生じ，その電流の方向は磁力線の数の変化を妨げる方向である．"

この関係を**レンツの法則**（Lenz, ドイツ, 1834）という．

13.1 電磁誘導

　誘導電流が流れるのは，そこに電流を流そうとするはたらき，すなわち起電力が生じたからである．この起電力を**誘導起電力**という．では，誘導起電力は何によって定まるのであろうか．

　磁束密度 B に垂直に交わる面の面積が A であるとき，

$$\phi = BA \tag{13.1}$$

を A を通る**磁束**という．誘導起電力 V はこの値の時間的変化率に負号を付けたものに等しい．すなわち，

$$V = -\frac{d\phi}{dt} \tag{13.2}$$

となる．この関係はファラデーが実験的に求め，後にノイマン（Neumann，ドイツ，1845）がエネルギー保存則から理論的に導いたので，**ファラデー-ノイマンの法則**とよばれる．負号はレンツの法則との関係で入れられる．コイルの抵抗を $R\,(\Omega)$，誘導電流を $I\,(A)$ とすれば，

$$RI = -\frac{d\phi}{dt} \tag{13.3}$$

とも書き表せる．

　マクスウェル（Maxwell，イギリス，1864）は，誘導起電力は導体中だけでなく，真空中でも生じると仮定した．磁界が変化するとその付近に電界を生じる．この電界は静電界と異なり，任意の閉路に沿って正電荷を一周さ

(a) ファラデー-ノイマンの電磁誘導　　(b) (a) の拡張

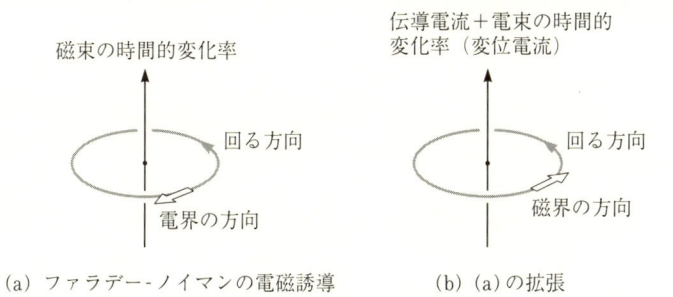

図 13.3 電磁誘導の説明図

せるとき電界のする仕事はゼロでなく，ある値をもつのである．これが誘導起電力にほかならない．たまたまそこに導体があれば，導体中の電荷が移動し，誘導電流となるのである．そこで，ファラデー–ノイマンの電磁誘導の法則は次の［A］のように表現できる．

　　［A］"任意の閉路に沿って単位の正電荷を一周させるとき，電界のする仕事はその閉路内を通る磁束の時間的変化率に負号を付けたものに等しい（図 13.3 参照）．"

13.2　交　流

電磁誘導を利用して発電機を作ることができる．図 13.4 はその模型図である．磁界の間にコイルがある．図の位置からコイルが時計周りにわずかに回転すると，コイルを貫く磁束が減少するから，これを妨げるように（コイルを貫く磁束を増やすように）矢印の方向に電流が流れる．

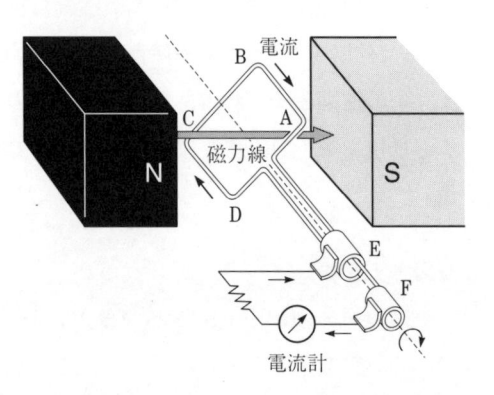

図 13.4　コイルの回転と流れる電流の方向

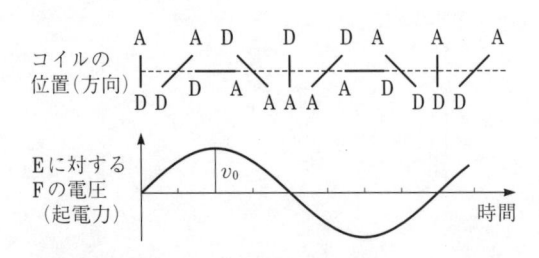

図 13.5　図 13.4 におけるコイルの向きと起電力の関係

コイルの回転，すなわち AD 方向の変化と共に EF 間には図 13.5 のような，いわゆる交流起電力が生じ，この間につながれた抵抗には時間と共に方向の変化する電流（交流）が流れる．図の**交流起電力**は，

$$v = v_0 \sin \omega t \tag{13.4}$$

で表される．ここで，ω はコイルの角速度に等しく，これを**角周波数**という．

起電力の周波数を ν とすれば（電気関係では，振動数の代りに**周波数**という語が多く用いられる），

$$\nu = \frac{\omega}{2\pi} \tag{13.5}$$

である．家庭に供給される交流の周波数は，関東では 50 Hz（ヘルツ），関西では 60 Hz になっている．交流起電力の 2 乗の平均（単なる平均をとるとゼロになる）の平方根を**起電力の実効値**という．起電力の実効値を V，最大値を v_0 とすると，

$$V = \frac{v_0}{\sqrt{2}} \tag{13.6}$$

である．**電流の実効値**についても同じように定義する．

$$I = \frac{i_0}{\sqrt{2}}$$

通常，われわれが交流について何ボルト，何アンペアといっているのは，この値のことである．

13.3 交流回路のコイルとコンデンサー

電池をつないだ回路に流れる電流の大きさは回路の抵抗の大きさで決まるが，交流の場合は回路の抵抗のほかに，挿入されているコイルやコンデンサーも重要なはたらきをしている．

（a）コイルのはたらき

コイルに電流を流すと，コイル内に磁界が発生する．電流が変化すれば，磁界も変化し，コイル内に誘導起電力が生じる．この現象を**自己誘導**という．

コイルの電流 I によってコイル内に生じる磁束 ϕ は電流に比例する ($\phi \propto I$) ので，コイルの巻数が n のとき，磁束は n 倍となる．

$$n\phi = LI \quad (13.7)$$

ここで，L はコイルの形や巻数とコイルの置かれている物質に関係して定まる値であり，コイルの**自己インダクタンス**という．

自己インダクタンス L のコイルは，角周波数 ω の交流起電力に対して，$L\omega$ が抵抗のようなはたらきをすると共に，図 13.6 (c) に示すように，電流の位相を電圧の位相より $\pi/2$ 遅らせる．

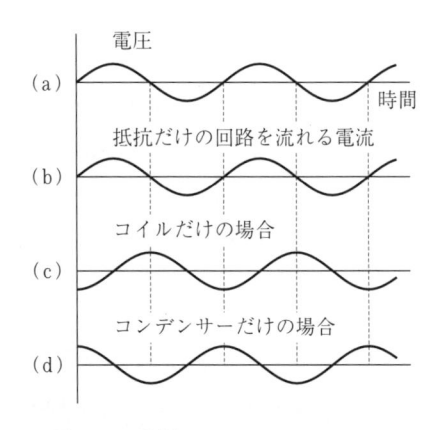

図 13.6 抵抗，コイル，コンデンサーによる電流の位相のずれ

（b） コンデンサーのはたらき

コンデンサーを直流電源につなぐと一時的に電流が流れるが，コンデンサーがすぐに充電されるので，たちまち電流は流れなくなる．次に，電源を切って両極板を導線でつなぐと，コンデンサーはたまった電気を放電するので，始めとは逆向きの電流が流れる．コンデンサーに交流電源をつなげば，充電と放電がくり返されることになり，導線内に交流が流れる．

コンデンサーの容量 C が大きいほど，または角周波数 ω が大きいほど，電流は流れやすい．したがって，コンデンサーでは $1/C\omega$ が抵抗のようなはたらきをし，それと共に図 13.6 (d) のように電流の位相が $\pi/2$ 進められる．

交流の周波数はコイルやコンデンサーの有無に関係なく，交流起電力の周波数に等しい．図 13.7 のように，抵抗，コイル，コンデンサーが直列につながれている回路に周波数 $\nu = \omega/2\pi$ の交流電源をつないだとき，電圧と電流の実効値 V と I の間には，

$$V = \sqrt{R^2 + \left(L\omega - \frac{1}{C\omega}\right)^2} I \tag{13.8}$$

の関係がある．$\sqrt{R^2 + (L\omega - 1/C\omega)^2}$ を回路の**インピーダンス**といい，$L\omega$ を**誘導リアクタンス**，$1/C\omega$ を**容量リアクタンス**という．

交流では電圧と電流との位相が一般に異なるので，平均電力を P とすると，

$$P \leq IV$$

である．ここで，等号の成り立つのは抵抗のみを含む回路の場合，または $\omega = 1/\sqrt{LC}$ の関係が満足される場合である．

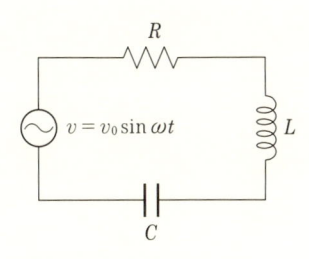

図 **13.7** 抵抗，コイル，コンデンサーを直列につないだ電気回路

13.4 変位電流

コンデンサーを含む回路に交流が流れているときの極板間の空間に注目してみよう．図 13.8 において，極板 A の正電荷量が次第に増加するときには，AB 間の電界が増す．このとき AB 間にある物質は分極を起こし，分極の大きさは次第に増大する．すなわち，一つの面を通して正電荷が A から B の方向へ移動する．この移動は極間にある分子内で起こっているが，これも一種の電流と見なすことができるであろう．マクスウェルは極板間に物質のないときも同様なことが起こると仮定し，この電流を**変位電流**と名づけた．ここで，変位電流の大きさは，(12.6) の説明で述べた磁束密度と同様に電束密度を考え，この電束密度とこれに垂直な面の面積の積，すなわち**電束**，の時間的変化率に等し

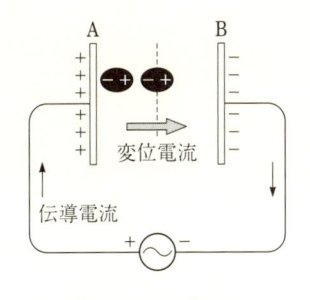

図 **13.8** 変位電流

いとおく．このように考えると，図の導体（電線）内を流れる電流（伝導電流）と変位電流とで連続した回路（閉回路）を作り，電流と磁力線とは常に鎖のように互いに貫き合うことになる．そこで，定電流の作る磁界について得られたアンペールの法則は，電界が変化するときには，次の[B]のように拡張される．

  [B]　"任意の閉路に沿って単位の正磁荷を一周させるとき，
    磁界のする仕事はその閉路内を通る伝導電流と変位電流と
    の和に等しい（図13.3参照）．"

マクスウェルは先に述べた[A]と[B]との関係を，実に見事に数式化した．それらの式を**マクスウェルの電磁方程式**という．これが電磁気学の基本法則であって，力学におけるニュートンの運動方程式に相当するものである．

考えてみよう

[1]　地球磁気の磁束密度の水平成分が 0.3×10^{-4} Wb/m² （Wb はウェーバ，磁束の単位）のところで，図13.9に示したように断面積が 0.4 m² で，50回巻のコイルを鉛直軸の周りに毎秒5回の速度で回転させるとき，
 （a）　コイルの角速度はいくらか．
 （b）　コイルの面が磁束密度と平行のときから時間を計ることにすると，t 秒後にコイル面と水平磁束密度とのなす角はいくらか．
 （c）　このとき，コイル面を通過する磁束はいくらか．
 （d）　この瞬間にコイル内に生じる誘導起電力はいくらか．

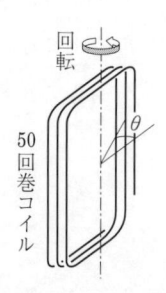

図13.9　地球に鉛直な回転軸をもつコイル

（e） 誘導起電力の実効値はいくらか．

［2］ 抵抗 100 Ω，自己インダクタンス 5 H，容量 $4\mu\mathrm{F}\,(1\mu\mathrm{F} = 10^{-6}\,\mathrm{F})$ を直列につないだ回路に角周波数 250 rad/s の交流を流すときのインピーダンスはいくらか．

14 電気振動と電波

交流の周波数が $10^4 \sim 10^9$ Hz（ヘルツ）にも達するように大きくなると，特に電気振動または高周波電流という．回路内に電気振動が起こると，そこから電波が発生する．まず，電波の性質について調べ，続いて簡単なラジオの回路中の送話装置と受話装置について考えてみよう．

14.1 電気振動

図 14.1 (a) のコンデンサーの極板間に蓄えられた電気をコイルを通じて放電させると，蓄えられた電気はやがてゼロになる．しかし，コイルには電流の大きさが変化するのを妨げる作用，すなわち自己誘導作用があるので，コンデンサーの電気がゼロになった瞬間にも電流は流れ続ける．そして，電

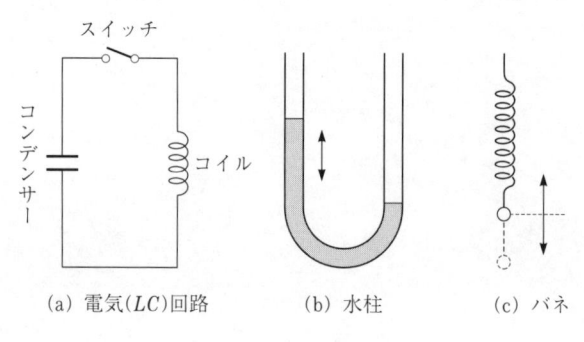

(a) 電気(LC)回路　　(b) 水柱　　(c) バネ

図 14.1　いろいろな振動

流が止まったとき，コンデンサーは始めと正負反対の符号の電荷で充電されている．その結果，また前と反対向きの電流が流れることになる．このようにして，回路内には極めて小さい周期で方向の変化する電流がくり返し流れる．こうして，**電気振動**が得られる．

図 14.1 に示したように，電気振動は水柱やバネの振動に対比させると考えやすい．水柱やバネが始めもっていた位置のエネルギーは次第に運動のエネルギーに変り，そして，また運動のエネルギーは位置のエネルギーに変化する．この変化が水柱やバネの振動である．電気振動では，始めコンデンサーに蓄えられていた電気に基づく電界のエネルギーが，電流が生ずると共にその周囲に生じる磁界のエネルギーに変り，やがてまたそれが電界のエネルギーに変る．そして，この変化がくり返される．物体がつり合いの点を行き過ぎるのは物体の慣性によるが，電気の場合には自己誘導作用がこれに対応する．回路内に抵抗があれば，振動は次第に減衰する．抵抗が大きいほど減衰は速い．

振り子の振動数が糸の長さとその場所の重力加速度によって決まり，バネの上下振動の振動数がバネの強さとおもりの質量とで決まるように，電気回路には，電気回路の定数，すなわち抵抗 R，自己インダクタンス L，静電容量 C，で定まる固有の**周波数**がある．R^2 よりも L/C がはるかに大きいときは，固有周波数は，

$$\nu = \frac{1}{2\pi\sqrt{LC}} \tag{14.1}$$

で与えられる．

14.2 電波の発生

回路に電気振動が起こると，そこから**電波**が発生する．電波の存在は 1864 年にマクスウェルによって理論的に導びかれた．1888 年にヘルツ (Hertz，ドイツ) はこれを実験的に確認した．マクスウェルの理論からヘ

ルツの実験まで，実に 24 年の歳月を経ている．科学の歴史において，理論が実験に先行した顕著な例の一つである．

ヘルツは，図 14.2 のような 2 つの小球をわずかな間隔で相対して置き，感応コイルの両端に結んで発振器をつくり，小球間に火花を飛ばした．その近くに小さなギャップ（すきま）をもつ針金の輪で作った受波器を近づけると，輪の面が小球を結ぶ線に平行なときは輪の間隙に火花が飛び，垂直なときは火花が飛ばなかった．彼は，ギャップに火花が生じたのは，小球間に起こった火花放電によって生じた電磁波に感応して針金の輪に電気振動が起こったためであると考えた．

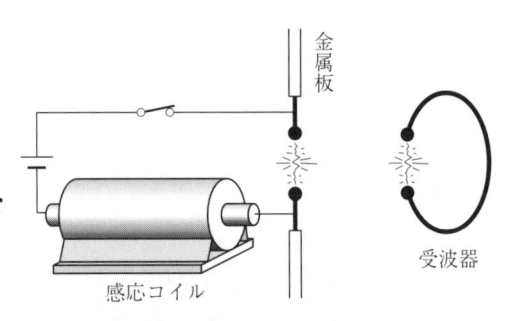

図 14.2 ヘルツの実験

14.3 電波の性質

発音体から周囲に音波を生ずるように，電気振動から電波が発生するが，両者の間には大きな相違がある．音波は物体中を伝播し，真空中では伝わらない．一方，電波は真空中でも伝播する．したがって，電波は物質の振動ではない．また，音波は縦波であるが，電波は横波である．それでは，電波では何がどのように振動しているのであろうか．19 世紀の終わり頃までは，真空中にはエーテルという物質があり，これが電波を伝えると考えていた．しかし，現在では一般には真空中のエーテルの存在は信じられていない．

真空でも電界および磁界を生じ，その電界および磁界が周期的に変化することによって電波が生じる．図 14.3 は真空中を電波が伝わるときの電界と磁界および電波の進行方向を示している．図に見るように，電波には磁波（磁界変化の波）が常に付きまとっている．したがって，両者を一緒にして

14.3 電波の性質

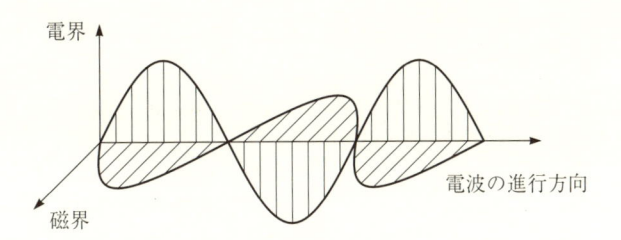

図14.3 電磁波（電波）

表14.1 電波の分類

本 称（略記号）	波長範囲	メートル法による区分	用 途
Very Low Frequency（VLF）	10000〜30000 m	ミリアメートル波	
Low Freq.（LF）	1000〜10000 m	キロメートル波	船舶航空機通信
Medium Freq.（MF）	100〜1000 m	ヘクトメートル波	国内放送
High Freq.（HF）	10〜100 m	デカメートル波	国際通信
Very High Freq.（VHF）	1〜10 m	メートル波	テレビジョン 自動車通信
Ultra High Freq.（UHF）	10〜100 cm	デシメートル波	テレビジョン 多重通信
Super High Freq.（SHF）	1〜10 cm	センチメートル波	分子構造の研究 レーダー
Extremly High Freq.（EHF）	1〜10 mm	ミリメートル波	分子構造の研究，常磁性共鳴，レーダー，サイクロトロン共鳴，プラズマ測定

電磁波という．電磁波は表14.1のように種々の分野で使われている．電磁波にはあとで述べるように光やX線なども含まれる．電気的方法で発生する電磁波をそれらと区別するときには，単に電波という言葉を使用する．

14.4 ラジオ

電波の発見は当時の物理学界の興味をひき，多くの実験がなされたが，これを遠距離通信に利用したのがマルコーニ（Marconi，イタリア）で，彼は1899年25歳のときイギリス海峡を横断しての通信を行い，1901年にはついに大西洋を越えての通信に成功した．音声を送るには，振幅の一定な不減衰電波を必要とするが，これは**3極真空管**がド・フォーレスト（de Forest，アメリカ，1906）によって発明されて可能になった．

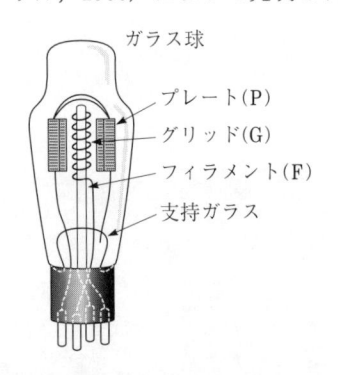

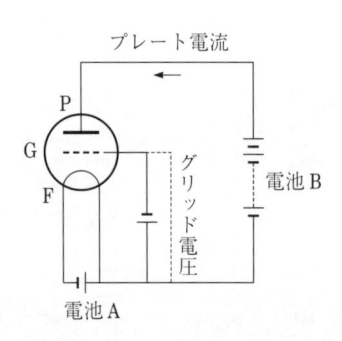

図14.4　3極真空管　　　　**図14.5**　プレート電流の増幅回路

3極真空管は図14.4のような構造をしている．図14.5のように3極真空管を接続し，電池によってフィラメントFに電流を流し熱すると，フィラメントは熱電子を放出する．プレートは電池Bによって高電位に保たれているので，電子はプレートPに向かって運動し，プレート電流を生ずる．網目状をしたグリッドGがフィラメントの近くに置かれている．グリッドを通過する電子はグリッド電圧によって影響を受け，プレート電流は図14.6のようにグリッド電圧のわずかな変化に対して大きく変化する．すなわち，**増幅**される．このような曲線を**真空管の特性曲線**という．

図14.7のように，コイル L_1 とコンデンサー C とで電気振動回路を作る．また，L_1 と L_2 で相互誘導作用を行わせる．L_1C 回路に何かの原因，たと

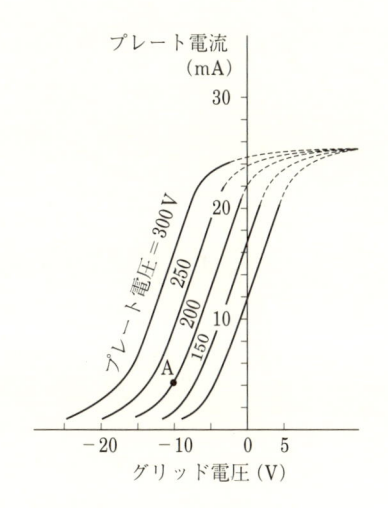

図14.6 プレート電流のグリッド電圧に対する変化

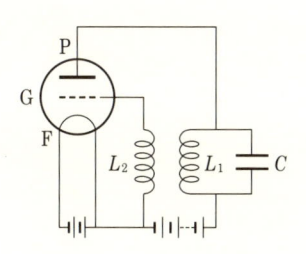

図14.7 電気振動回路

えばスイッチを入れたときなどで電気振動が生じたとすると，相互誘導によって L_2 に起電力が生じ，グリッドの電位が変化する．その結果，プレート回路に強い振動電流が生じ，L_1C 回路に前よりも強い振動電流が流れるようになる．これをくり返すと，持続した強い電気振動が得られる．このようにしてできた振動電流をアンテナに導けば，そこから波長も振幅も一定の電波が送り出されることになる．

　音声を送るには，音声によってこの持続電流を変形すればよい．振幅一定の不減衰電波を**搬送波**といい，これを変形することを**変調**，また変調された電波を**被変調波**という．一般に，正弦波は周波数，振幅，位相の3つの特性をもっているから，変調にも3つの方法があるが，普通は**振幅変調**（AM）と**周波数変調**（FM）の2つが用いられる．

　図14.8は振幅変調の場合で，マイクロホン M に向かって音を出せば，マイクロホン中の電流が音に応じて変化し，変圧器 T によって生じた誘導起電力が陽極電源 B に追加され，L_1C 回路の振動電流はその振幅を図14.9の

14. 電気振動と電波

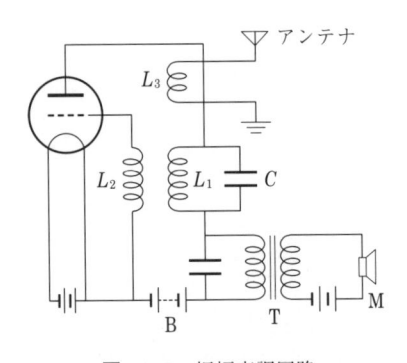

図14.8 振幅変調回路

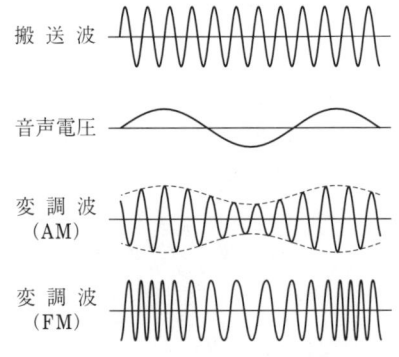

図14.9 振幅変調(AM)と周波数変調(FM)

変調波（AM）のように変化する．したがって，アンテナから出る電波の振幅も変化する．

図 14.10 は受信の回路である．アンテナに達したいろいろな周波数の電波の中から，好みの電波を選び出すために，**同調回路** L_1C_1 がある．C_1 はいわゆるバリコン（静電容量を変えることのできるコンデンサー）である．バリコンの静電容量を変えてこの回路の固有周波数を調節する．この振動電流を直接受話器に送っても，周波数があまり大きいので，振動板は振動しない．後に説明するダイオードは電流を一方向にのみ良く通す性質（**整流作用**）をもっているので，これを通ると，変調波は図 14.11 (a) のようになる．この波は近似的には (b) の脈流と (c)

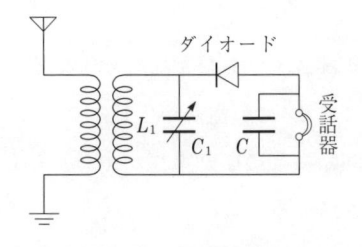

図14.10 同調回路

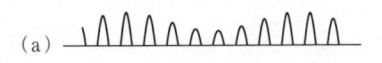

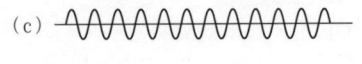

図14.11 変調波の分解

の高周波電流の重なったものと考えられる．(b) の波は受話器を通って振動板を振動させ音を再現する．(c) の波は並列につないだコンデンサー C を通り，振動板は振動させないので，音とはならない．

L_1C_1 回路に生じる振動電流は極めて弱いから，多くの場合，増幅を行う．増幅には，トランジスター（図 22.11 参照）や真空管が用いられる．

考えてみよう

[1] 次の問について考えてみよう．
(a) 波長 5 m の超短波の周波数はいくらか．ただし，電波の速さは 3×10^8 m/s である．
(b) この超短波を受信する同調回路でのコイルの自己インダクタンスが 2μH $(1\mu\text{H} = 10^{-6}\text{H})$ のとき，これと並列に入れるべきコンデンサーの容量はいくらか．

[2] 3極真空管が図 14.6 の点 A で動作しているとき，プレート電流をさらに 10 mA 増加させるためには，プレート電圧をいくら増したらよいか．また，これをグリッド電圧の変化によって行うには，電圧変化をいくらにすればよいか．

4章 光

- 15. 光の反射・屈折・分散　　*124*
- 16. 光の波動性　　*132*
- 17. 光の速度　　*140*
- 18. 相対論　　*148*

15 光の反射・屈折・分散

　光はわれわれの日常生活と非常に関係が深いため，古くから光に関するいろいろな現象が観察され，研究されてきた．光の反射の法則は遠くギリシア時代にすでに知られていたと思われる．スネル（Snell，オランダ）の屈折の法則が出されたのは1615年である．17世紀の後半には光の本性に関しての議論が活発に展開された．粒子説の代表はニュートンで，もう一方の波動説の代表はホイヘンスであった．ここでは，まず，反射と屈折について，双方の説くところを聞こう．次に，フェルマー（Fermat，フランス，1679）の原理について述べ，最後に，屈折による光の分散とスペクトルについて簡単に述べよう．

15.1　光の反射と屈折

　反射の法則については，ここにあらためて記すまでもないであろう．**屈折の法則**は次のようである．

　① 屈折光線は，入射光線と界面に立てた法線とを含む面内にあり，法線に対して入射光線と反対側にある．

　② 入射角の正弦に対する屈折角の正弦の比は一定である．

　真空中（近似的には空気中）からある物質中に光が入るとき，②の一定の比の値をその物質の**屈折率**（絶対屈折率）という．屈折率は常に1より大きい．

　さて，光が空気と水との界面で反射および屈折する場合を考えよう．まず，粒子説での考え方を述べる．**反射**の場合には，光の粒子が水面すなわち界面

15.1 光の反射と屈折

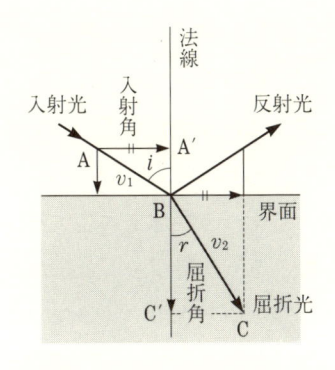

図 15.1 粒子説における光の屈折と反射

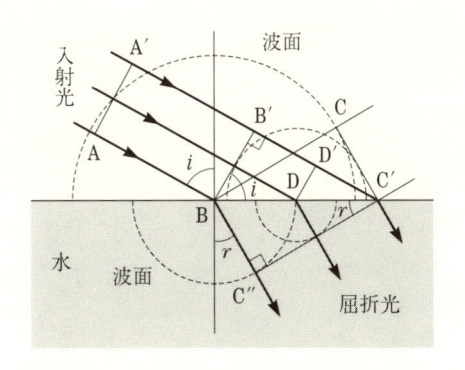

図 15.2 波動説における光の屈折と反射

に達すると，界面に垂直な方向の斥力をうける．界面に平行な速度成分は変化しないので，垂直成分のみ減速され ついにはゼロとなる．ついで加速されて，斥力のはたらく薄い層を出たときには，図 15.1 のように，侵入前と大きさが等しく向きが反対になっている．そのため，入射角と反射角とが等しくなる．また，水中に入る光の粒子は界面で水より引力をうける．図 15.1 のように，速度の垂直成分が大きくなり，水平成分は変化しないので AA′ = CC′ であり，

$$\frac{\sin i}{\sin r} = \frac{\dfrac{AA'}{v_1}}{\dfrac{CC'}{v_2}} = \frac{v_2}{v_1} \tag{15.1}$$

の関係が得られる．

次に，波動説での考え方を述べる．図 15.2 の上半分のように，反射のときは，平面波の波面が AA′，BB′ と進んできたあと，B′C′ 間を波が進む間に，点 B から出た波は点 B を中心とした球面上に広がっていく．同じように，D′C′ の間を波が進む間に点 D から出た波は D を中心とした球面上に広がっていく．そして，A′B′ 方向に進んできた波が C′ に到達した瞬間には B からの波は B′C′，すなわち BC を半径とする半球上に，D からの波は D′C′

を半径とする半球上に達し,それら2つの面に接する面 C'C が反射波の波面となる.光はその後この CC' 面に垂直に進む.△BB'C' と△C'CB とが合同になることから,入射角と反射角とが等しくなることが導かれる.

また,水中へ進む光については,図 15.2 の下半分に示されているように,光が C' に達したとき,B から出た波は BC″ を半径とする半球上に達する.ただし,空気中の光の速さを v_1,水中の光の速さを v_2,時間を t としたとき,光が C'C″ 上に達するまでにかかった時間は空気中と水中で同じなので,BC″/v_2 = B'C'/v_1 である.水中の光の波面は C'C″ で表される.△BB'C' と△BC″C' とが共に直角三角形であり,∠B'BC' = i, ∠BC'C″ = r となるので,次の関係が成り立つ.

$$\frac{\sin i}{\sin r} = \frac{\dfrac{B'C'}{BC'}}{\dfrac{BC''}{BC'}} = \frac{B'C'}{B'C''} = \frac{v_1}{v_2} \tag{15.2}$$

さて,粒子説においても波動説においても,屈折率を物質中の光の速度と関係づけて表すことができたが,(15.1)と(15.2)は明らかに相反している.空気中から水中に光が入るときには,図 15.1 のように屈折光線は法線に近づき $\sin i/\sin r > 1$ である.したがって,粒子説によれば,水中の光速度は空気中の光速度より大きいはずであり,波動説からすれば,水中の光速度は空気中の光速度より小さいはずである.どちらの結果が正しいかは実験により証明されなければならないわけであるが,その実験がなされたのは 19 世紀の半ばになってからである.このことについては,17.2 項で述べることにする.

光が水面に当たると,一部は反射し一部は透過する.このことは波動説の立場からは図 15.2 の点 B を中心として出た波が空気中と水中とに同時に進んで行くのであって,ことさら異とする点ではない.ところで,粒子説ではこれをどのように説明するのであろうか.水面に達した光粒子のあるものは斥力をうけて反射し,あるものは引力をうけて水中に入り屈折すると考える

のである．この相違はどうして起こるのだろうか．このことについては，光粒子が分極しているからであるという考えもあった．光粒子の上半分と下半分との性質が異なっているとするのである．しかし，光粒子が分極しているということを証明する実験は出されていないのである．

15.2　フェルマーの原理

　光の直進，反射および屈折の法則はホイヘンスの原理から整然と導かれるのであるが，これらはまた次の**フェルマーの原理**によっても統一される．

　　"光は1点から他の点に達するのに，最も短い時間で行ける経
　　路を通る．"

　光が同じ媒質中を進むとき，最も道のりの短い道を進むときに時間は最も短い．光の直進や反射の場合は，図15.3からわかるように，まさにこの場合である．光が屈折する場合には次のようになる．図15.4において，ACBが最短時間の経路であるとし，Cにできるだけ近く点C′をとるとすると，AC′Bを行くときの時間もACBを行くときの時間に等しいと見なされる．このとき，CとC′からそれぞれ垂線を下ろしその足をDとD′とすれば，$DC'/v_1 = CD'/v_2$ でなければならない．よって，

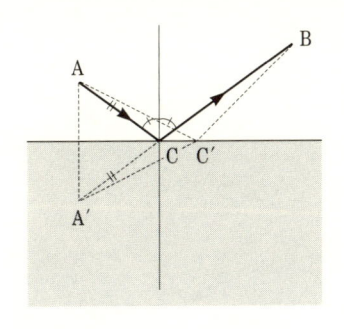

図15.3　光の反射角　　　　**図15.4**　光の屈折角

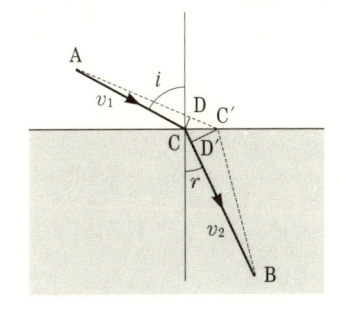

$$\frac{\sin i}{\sin r} = \frac{\dfrac{DC'}{CC'}}{\dfrac{CD'}{CC'}} = \frac{v_1}{v_2} \tag{15.3}$$

となり，波動説の場合と同じ (15.2) の結果が得られるのである．

波動説によれば，c を真空中の光速度とすると，屈折率は $n = c/v$ とおけるので，

$$\frac{AC}{v_1} + \frac{CB}{v_2} = \frac{1}{c}(n_1 AC + n_2 CB)$$

となる．ここで，$n_1 = c/v_1$, $n_2 = c/v_2$ である．屈折率と距離との積を**光学的距離**という．よって，フェルマーの原理は，"光は光学的距離の最も短い道を通る"，といい表すこともできる．

15.3 光の分散

太陽光線をプリズムに当てると，プリズムを通過したあと，光は赤から紫までの各種の色に分かれる（光の**分散**）．このような色帯を**スペクトル**という．分散の現象を最初に研究したのはニュートン (1666) である．ニュートンは図 15.5 に示すようないろいろな場合を実験して，光が色を生じるのは屈折の結果ではなく，もともといろいろな光が集まって白色光を作っており，プリズムに入ると，それぞれの屈折率が異なるため分散することを明らかにした．また，真空中ではすべての色の光が

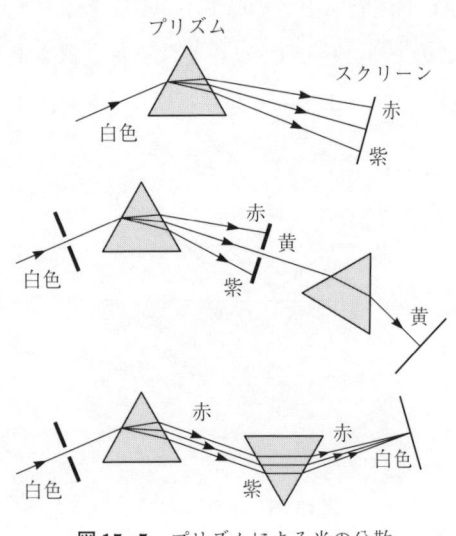

図 15.5 プリズムによる光の分散

同じ速さで進むが，ガラスの中では赤色光よりも紫色光の方が遅く進むことも直ちに理解できるであろう．

ニュートン以来，光の分散に関する研究はあまり進まなかったが，19世紀の初め頃から再び盛んになった．1800年にハーシェル（Herschel，イギリス）は太陽光のスペクトル内のエネルギー分布を研究するため，温度計を太陽スペクトルの各部にさらしてみた．すると，スペクトルの色の異なる部分によって，温度の上昇する速度が異なることがわかった．それと共に，赤い部分の外側にも熱作用があることを発見した．この部分の光線を**赤外線**という．続いて，1801年にリッター（Ritter，ドイツ）は紫の外側には塩化銀を変色させる作用の強い部分があることを発見した．この部分の光線を**紫外線**という．赤外線，光線（可視光線），紫外線を総称して，**熱放射線**という．

15.4 スペクトル

いろいろな光源からの光に対し分光器を通してスペクトルを作ってみよう．ガスの炎の中には食塩や塩化カリウム等を入れたときの光やネオンガスをつめた真空管の発する光が，また，Ne（ネオン）ガスをつめた真空管の発する光，銅やアルミニウム等を電極としたときのアークの発する光には図15.6や15.7に示すような輝いた線が見られる．このようなスペクトルを

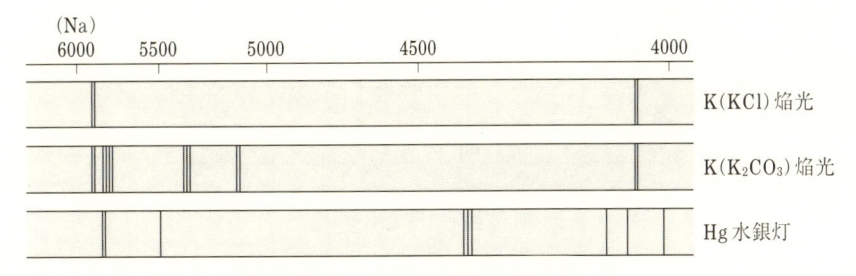

図 15.6 いくつかの物質の輝線スペクトル

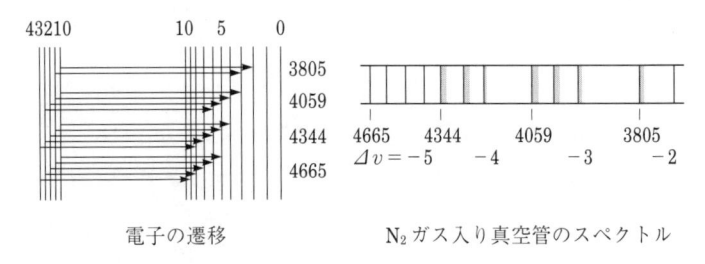

電子の遷移 　　　　　　　　　N_2 ガス入り真空管のスペクトル

図15.7 各種のスペクトル

輝線スペクトルまたは線スペクトルという．また，窒素をつめた真空管の発する光や，ガスの焔の青色部の光では，一端が明るく他端に向かって次第にぼけている部分がある．このようなスペクトルを**帯スペクトル**という．図15.7はその例である．精巧な分光器を用いると帯スペクトルは，図15.7のように多数の線からできていることがわかる．

　白熱電球の出す光は，スペクトルが連続的に連なっている．このようなスペクトルを**連続スペクトル**という．また，光源と分光器の間に物質を置くと，光の一部が吸収される．このようなスペクトルを**吸収スペクトル**という．図15.8は葉緑素を含むアルコール溶液による吸収を濃度を変えて連続撮影したものの複写である．太陽スペクトルの中にはたくさんの黒線（光の弱い部

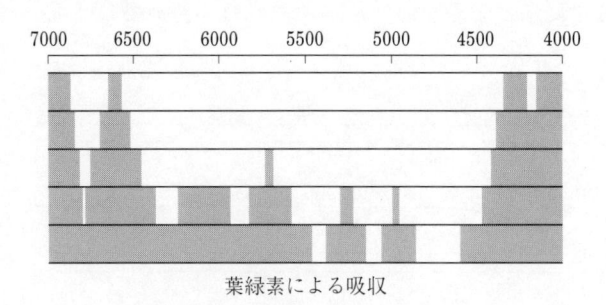

葉緑素による吸収

図15.8 葉緑素の吸収スペクトル

分）が見られる．これを**フラウンホーファー線**（Fraunhofer，ドイツ）という．フラウンホーファーは太陽の中心部から発した連続スペクトルが太陽の周囲の大気を通過するときに吸収されるため生じたものである．

物質の輝線スペクトルや吸収スペクトルはそれぞれの物質に特有なものであるので，物質の分析や分子，原子の構造の研究に用いられる．赤外部では，写真にとるのが困難なため，ボロメータや熱電対というような特別の検出器が用いられる．

考えてみよう

[1] 水面下 40 cm のところにある物体は，真上から見るとどれだけ浮き上がって見えるか（屈折角は無限に小さいとして考えよ）．空気に対する水の屈折率は 4/3 である．ただし，水面上の点 D の下方の点 A より発した光が水面上の点 B で屈折後，目に入ったとする．また，目と B を結ぶ延長線と AD の交点を C とする．

[2] 光が水中から空気中に出るときには入射角より屈折角が大きいので，入射角がある値以上になると屈折光線はなくなり，光は全部反射する．そのため，水面の一部をおおえば，その真下にある物体は水面上のどの方向からも見えなくなる．水面下 13 cm のところにある物体を見えなくするためには半径何 cm の円板を水面に浮かべればよいか．ただし，水の屈折率は 4/3，$\sqrt{7} \approx 2.6$ である．

16 光の波動性

　光が粒子か波動かの問題は，ニュートン，ホイヘンス以来，長い間決められないままであったが，19世紀に入るとヤングやフレネルによって波動説が発展させられた．ここでは，光の波動性を支持するいくつかの現象について述べよう．

16.1　干　渉

　音波の場合には干渉の現象が知られている．光が波動性をもつならば，当然干渉により説明される現象がなければならない．1801年ヤング（Young, イギリス）は，図16.1のように，スリットS_0を通った光をさらに極めて接近した2つのスリットS_1, S_2を同時に通すと，そこから遠く離れて置かれた衝立上に明暗の縞ができることを実験で示した．縞はS_0を取り除いても，またS_1, S_2のうちいずれか1つをふさいでも消えてしまう．

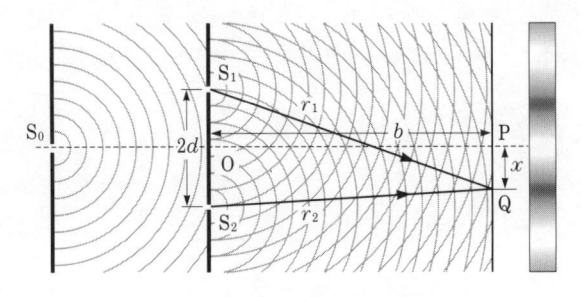

図 16.1 2つのスリットを通った光の干渉

さて，この現象はヤングに従って次のように説明される．衝立て上の1点QとS$_1$, S$_2$との距離をそれぞれr_1, r_2とすれば，$|r_1 - r_2|$が1/2波長の偶数倍であれば点Qで2つの波の位相は一致し，その点が最も明るくなる．また$|r_1 - r_2|$が1/2波長の奇数倍であれば，位相は逆となりその点は最も暗くなる．いま，図16.1において，S$_1$とS$_2$との間隔を$2d$, OP = b, PQ = xとおけば，

$$r_1^2 = (x+d)^2 + b^2, \quad r_2^2 = (x-d)^2 + b^2$$

したがって，

$$|r_1^2 - r_2^2| = (r_1 + r_2)|r_1 - r_2| = 4\,dx$$

であるから，

$$|r_1 - r_2| = \frac{4\,dx}{r_1 + r_2} \approx \frac{2\,dx}{b} \tag{16.1}$$

となる．明るい縞の位置は波長の整数倍の位置となるので，

$$|r_1 - r_2| = 2m \times \frac{\lambda}{2} \quad (m = 0, 1, \pm 2, \cdots) \tag{16.2}$$

である．(16.1) と (16.2) より，

$$x = \frac{mb\lambda}{2d}$$

が得られる．よって，明るい線同士の間隔をaとすると，

$$a = \frac{b}{2d}\lambda \tag{16.3}$$

となる．そして，明るい線同士の中間に暗い線が生じるのである．

(16.3) から，明線と明線の間隔または暗線と暗線の間隔，S$_1$とS$_2$間の距離およびS$_1$とS$_2$を結ぶ線に水平に立てた衝立てとの間の距離を測定すれば，光の波長を求めることができる．ブンゼンバーナーの炎中に食塩を入れると黄色の焔を生ずるが，これはナトリウムの原子の出している光で，**D線**とよばれ，光の実験によく用いられる．D線の波長は589 nm (1 nm = 10^{-9} m) である．

白色光で干渉縞を作ると中央の線は白色であるが，他の線は色を帯び，赤色の縞間隔の方が青色の縞間隔よりも大きい．このことから，赤色の光の波長が青色の光の波長より長いことがわかる．

水上の油膜や石鹸膜等がきれいな色を呈する現象も，光波の干渉によるものとして説明できる．すなわち，油膜や石鹸膜に光が当たると，図16.2のように，上面で反射した光と下面で反射して出てきた光とが干渉し，入射光のうち特定の波長をもったものが弱められ，あるいは強められて，色を生じるのである．

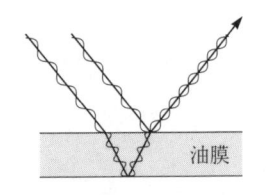

図16.2 油膜による光の干渉

16.2 回 折

グリマルディ（Grimaldi，イタリア，1665）は小さい穴から射し込む太陽光線の円すい中に小さい不透明な物体を置くと，その影は光線がその物体の縁を通って直進する場合よりも広くなること，また，影の縁に3本の色のついた縞ができることを見つけた．さらに，光を十分強くすると，影の内側にも縞ができることに気づいた．グリマルディは，これは水の流れが障害物に当たったときに水が波になって広がるのに似ていると述べている．図

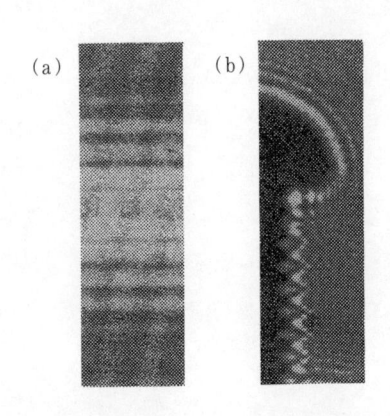

(a) スリットによる回折
(b) レーザー光によりネジの縁に生じた縞模様

図16.3 光の回折とフレネル縞

16.3 は回折縞の一例である．(a) は点光源から光を幅 0.5 mm のスリットに当てた場合，(b) はレーザー光をネジに当てた場合である．

回折現象に対する数量的な説明はフレネル (Fresnel，フランス) によって 1818 年に初めて与えられた．フレネルによれば，たとえば図 16.4 のように，点光源 O から出た光の途中に障害物 A を置き，その後に衝立てを置くと，波面 BC 上の各点が波源としてはたらき，それから出た波が P 面上の 1 点 Q に達する．それらの振幅，位相の異なる無数の振動を重ね合わせることによって，点 Q の合成変位が定まり，したがって明るさも定まる．

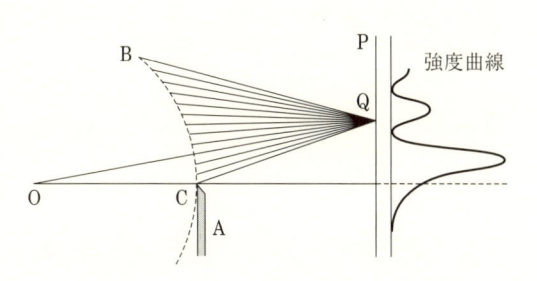

図 16.4 縁により生じるフレネル縞

平らなガラス板の表面に 1 cm 当り数千本の割合で平行線を引いて作った**回折格子**が分光器として広く用いられているが，これは光の回折現象を利用したものである．プリズム分光器に比べて高価であるが，得られるスペクトルは優れている．

16.3 偏 光

方解石 (無色透明の結晶) を通して文字などを見ると，二重になって見える．この現象を**複屈折**という．この現象は 1669 年にバートリヌス (Bartholinus，デンマーク) によって発見された．この発見はホイヘンスの波動説の成立に大きな推進力になったといわれている．ホイヘンスは複屈折の説明を次のように行った．方解石の内部の 1 点から出た光は**常光**と**異常光**とに分かれて進む．常光はあらゆる方向に等しい速さで進む．しかし，異常光はある方向では常光と同じ速さであるが，その他の方向では常光よりも速

く進む．常光と異常光とが同じ速さで進む方向を**光軸**という．図16.5はホイヘンスの原理を用いて方解石による複屈折を示したものである．

このような優れた着想にもかかわらず，ホイヘンスは光波として縦波（図6.2）と考えていたため，2つの方解石を重ねて見たときの像の変化を説明することはできなかった．

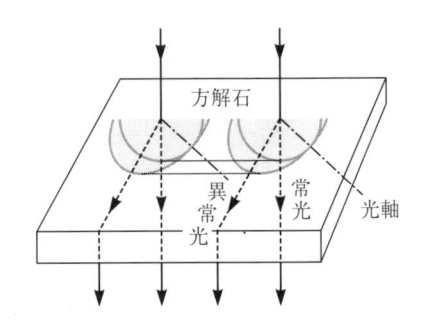

図16.5 ホイヘンスによる複屈折の説明

1808年にパリの学士院が複屈折の数学的理論について論文を募集したことをきっかけに，マリュス（Malus，フランス）もこの問題を調べていた．ある日，ルクサンプール宮殿の窓で反射された夕日を方解石を通して見た．そのとき，ある位置で像が1つしか見えないことを発見した．そこで，他の光源を使って水面やガラスの面で反射した光についていろいろ実験した．その結果，反射された光は複屈折を起こす結晶に対して，もとの光と異なった性質を示すことを発見した．そして，この変容した光を**偏光**と名づけた．

薄く切った電気石の板や方解石を通過した光も偏光している．今日では，偏光を作る，または偏光を検出する装置として，方解石を加工して作ったニコルのプリズムや人工的に製作されたポーラロイド等が用いられている．

さて，光波を横波（図6.1）とすれば，偏光の現象は容易に説明される．図16.6のように，自然光は種々の振動方向をもった横波が次々に進行する

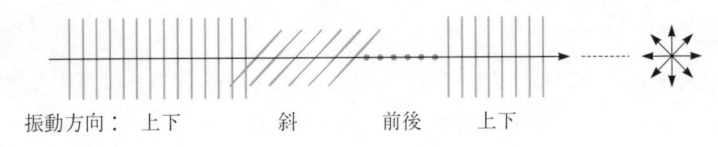

振動方向： 上下　　斜　　前後　　上下

図16.6 種々の振動方向をもつ横波の進行

16.3 偏　　光　　137

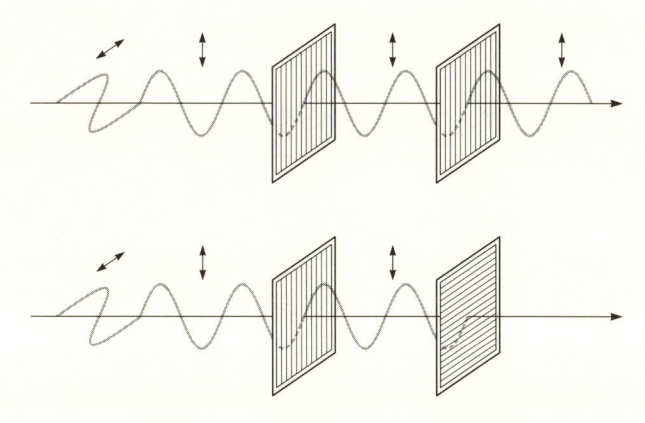

図 16.7　ニコルのプリズムによる光の偏光

　光である．これがたとえばニコルのプリズムを通れば，ある特定の方向にだけ振動する光，すなわち偏光になる．これをニコルのプリズムで受けた場合，この特定の方向とニコルのプリズムの特定の方向が互いに平行ならば光はそのまま通過するが，互いに垂直になっているときには光はそこでさえぎられてしまうのである．図 16.7 はこのことを模型的に表している．

　もし光が縦波であったならば，ニコルのプリズムをどんなに回転しても，同じように光は通過するはずである．このことは，粒子説に対しても同様である．

　フレネルによれば，常光も異常光も共に偏光であって，図 16.7 の場合には，常光は紙面に垂直な平面内で振動しており，異常光は紙面内で振動しているのである．常光と異常光とが結晶を出たあとも互いに垂直方向に振動していることは，ニコルのプリズムを通して見ればわかる．

　このように極めて明快に見える横波説もなかなか採用されなかったのは，光波の媒質の問題と関連していたからである．ヤングやフレネルは光の媒質としてエーテルの存在を信じ，この中に起こる弾性波こそが光であると考えた．弾性波の場合には，縦波は固体，液体，気体，いずれの場合にも起こり

うるが，横波は固体の場合にしか起こり得ない．エーテル内に横波が生じるためには，エーテルは固体でなければならないであろう．その上，普通の固体ならば，その中を縦波も伝わり得る．縦波が存在しないためには，エーテルは体積変化に対して無限に大きな抵抗をもつか，または抵抗がゼロでなければならない．地球はこのエーテルの中を約 30 km/s の速さで運動していると考えられるが，エーテルの抵抗は地球の公転の上では全く認められない．それにしても，体積変化に対して全く抵抗しない固体というのも，おかしなものである．

　ヤングは 1817 年にアラゴー（Arago，フランス）に手紙を送り，横波のことを述べている．フレネルはこれより先 1816 年に，これとは独立にやはり横波説を考えたが公表しなかった．フレネルはアラゴーと共同で偏光の干渉について実験し，その結果から横波説を強く信じるようになった．アラゴーはこれに賛成しなかった．それで，その実験の結果は横波説と共にフレネル 1 人の名で 1819 年に発表された．

　先に述べたように，1864 年にマクスウェルは電磁波の存在を理論的に導いたのであるが，その速度がその当時すでに知られていた光の速度と一致すること，いずれも横波であること等から，光は電磁波の一種であり，その波長が，したがって振動数が異なるに過ぎないと考えた．これを**電磁光学説**という．この説によれば，光はエーテル中の波動であるが，その波動は電界と磁界の強さの周期的変化である．したがって，エーテルの弾性的性質については，うんぬんするを要しなくなったのである．しかし，エーテルの問題はこれで終止符を打たれたわけではなく，なお困難な問題を蔵していたのである．

考えてみよう

[1] 図 16.1 において，$S_1S_2 = 1$ mm，OP $= 1$ m のとき，干渉縞の間隔は 0.6 mm であった．使用した光の波長はいくらか．

[2] 図のように 2 枚の方解石を置き，光を上面に垂直に入れるとき，光はどのように別れて進むか．

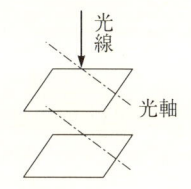

17 光の速度

ここでは，光の速度について，次のような問題を調べてみよう．
① 光は1秒間に地球を7.5回も回るという．こんなとてつもなく速い速さはどんな方法で測られたのであろうか．
② 音は水中を空気中の4.3倍以上も速く進むのに，光は波動説が主張するように，水中の方が本当に遅いのだろうか．
③ 海上の波の速度は，波と同じ方向に進む船上から測るときと，波と直角の方向に進む船上から測るときとでは異なった値を示す．地球がエーテル中を運動しているならば，光についてもこのような違いが現れないであろうか．

17.1 真空中の光速度

光の速度は1676年にレーマー（Römer, デンマーク）によって初めて測定された．彼は木星の衛星の蝕の周期が地球の位置によって見かけ上変化することを利用した．また，ブラッドリー（Bradley, イギリス，1727）は光の行路差の現象を利用した．彼によれば，地球は太陽の周りを約 30 km/s の速さで回っている．地球上に望遠鏡を置いて星を見ると，光の速さが有限であるならば，図 17.1

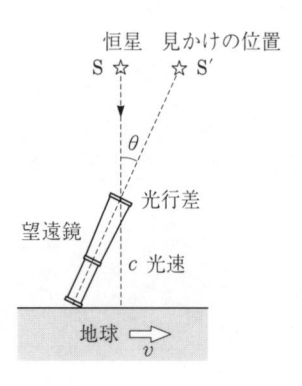

図 17.1 光行差

のように，望遠鏡を傾けておかなければならないであろう．したがって，恒星は S′ の方向にあると判断することになるのである．実際の星の位置と見かけ上の星の位置の差を**光行差**という．光行差を θ とすれば，地球の速さを v とすると，図17.1から，直ちに光速は $c = v/\tan\theta$ で求められる．ブラッドリーは粒子説の立場から光速度を求めたが，光が地球の運動に影響されずに進むとすれば，波動説からも同様に求められる．

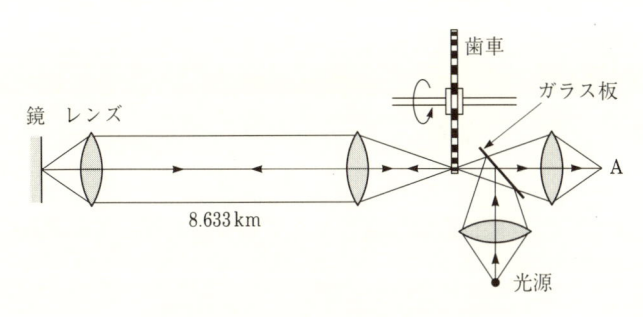

図 17.2 フィゾーによる光速の測定

地球上の光源についての光速度の測定は，ずっと遅れて1849年にフィゾー（Fizeau，フランス）によって行われた．図17.2のような装置で歯車の間から光を送り，遠方にある鏡から反射されてきた光を A の位置で観測する．もし光が往復する間に歯車が刻みの半分だけ回転していれば，返ってきた光は歯に遮られて見えない．ちょうど見えなくなったときの歯車の回転数から，光が往復するのに要した時間がわかり，したがって光の速度が求められる．

光の速度を測定する方法はニューカム（Newcomb，アメリカ），マイケルソン（Michelson，アメリカ）等により改良された．そして，マイケルソン，ピース（Pease）とパーソン（Pearson）は図17.3に示すような装置によって極めて精密な測定を行った．容器は直径90 cm の鉄管で，その内部は真空ポンプによって 0.5～5.5 mmHg の真空に保たれた．R は32個の反

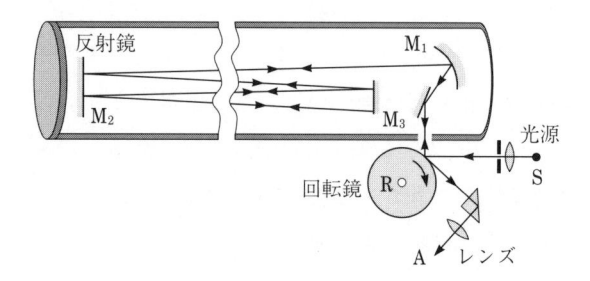

図17.3 マイケルソン-ピース-パーソンの光速測定装置

射面をもつ回転鏡である．Rで反射されて鉄管内に入った光が，M_2とM_3の間で数回反射をくり返し，そして逆進してRに達したとき，Rが$2\pi \cdot 1/32$ラジアンだけ回転していれば，後の反射面が前の反射面の位置に丁度きて，Aから光が見られないようにしてある．今日，**光の速度**の最も信頼し得る値としては，

$$c = 2.99792458 \times 10^8 \,\text{m/s}$$

が用いられている．真空中の光速度は物理学における最も重要な定数の一つである．

17.2 物質中の光速度

フーコー（Foucault，フランス）は，1850年に図17.4のような装置によって，空気中の光速度と水中の光速度とを比較した．光源Sから出た光はレンズLを通ったあと，回転鏡Rによって反射され，凹面鏡M上に像を結ぶ．RがMの曲率中心

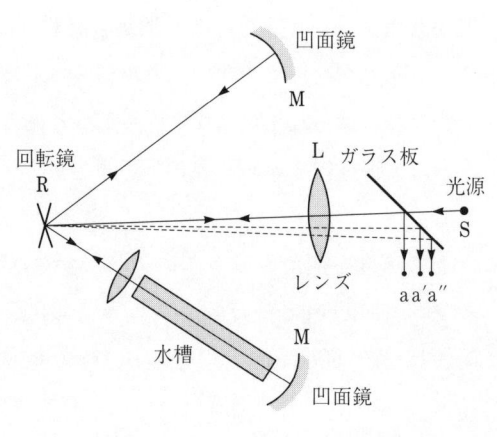

図17.4 フーコーの光速の実験

にあるようになっていれば，Mで反射した光は再びRにもどる．もしRが静止していればSに向かうが，途中ガラス板によって方向を変えられ，aに集まる．Rが一定の角速度で回転しているときには，光がRMを往復する間にRが一定の角だけ回転するので，Rで反射されるとき向きが変えられ，a′に像を結ぶ．同じように，水槽を通過した光はa″に像を結ぶ．水中を進む光の速さが空気中よりも遅いならば，aa′ < aa″となるはずである．

　フーコーの実験では，空気中の光速度と水中の光速度の比の精確な値を求めることはできなかったが，水中の光速度の方が遅いことは明らかであった．これは波動説の主張と一致する結果である．その後，マイケルソンやグットン（Gutton）等によって，物質中では光の振動数が異なると速さが異なること，屈折率と速さの関係等が実験的に証明された．

17.3　マイケルソン‐モーレーの実験

　光の速度が測定されたが，その値は何に対する速度であろうか．19世紀においては，光の媒体としてエーテルが宇宙に充満し，これが絶対に静止していると想像していた．したがって，光速度はこのエーテルに対する速度であると考えられた．もしエーテルがあるならば，地球は恒星系に対して約30 km/sほどの速さで運動しているのであるから，エーテルに対しても同程度の運動をしていることになるであろう．

　このエーテルに対する地球の速度を測定する目的で，マイケルソンとモーレー（Morley）は1887年に実験をした．図17.5は実験の略図で，Aはガラス板，M_1とM_2は平面鏡，Tは望遠鏡である．光源Sから出た光はAによって2つに分かれ，1つはM_1に，もう1つはM_2に向かい，共に反射されてTに達し，ここに干渉縞を生じる．いま，この装置がエーテルに対して，AM_1の方向，すなわち地球の軌道運動の方向に動いているとしたとき，光がAM_1とAM_2の間をそれぞれ往復するのに要する時間差を求めてみると，$u^2 l/c^3$である．ここで，cは光速度，uはエーテルに対する地球の

144　17. 光 の 速 度

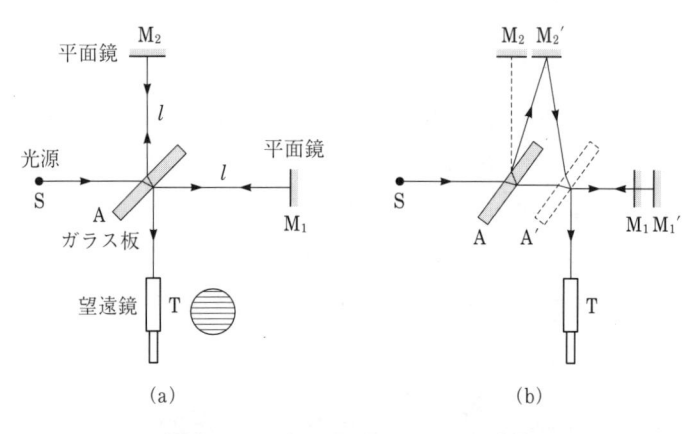

図 17.5 マイケルソン-モーレーの実験

速度，l は AM_1 と AM_2 の長さである．

　上の時間差は次のようにして計算される．A から M_1 に到達するまでの時間を t_1 とすれば，
$$ct_1 = l + ut_1$$
なので，
$$t_1 = \frac{l}{c - u}$$
次に，M_1 で反射されて A に帰るまでの時間を t_2 とすれば，
$$t_2 = \frac{l}{c + u}$$
したがって，AM_1 を往復するのに要する時間は
$$t_{AM_1} = \frac{l}{c - u} + \frac{l}{c + u} = \frac{2cl}{c^2 - u^2}$$
$$= \frac{2l}{c} \frac{c^2}{c^2 - u^2} = \frac{2l}{c} \frac{c^2 - u^2 + u^2}{c^2 - u^2}$$
ここで $c^2 \gg u^2$ であるので，
$$t_{AM_1} = \frac{2l}{c}\left(1 + \frac{u^2}{c^2}\right)$$

次に，A から M_2 に達するまでの時間を t_3 とすれば，
$$ct_3 = \sqrt{l^2 + (ut_3)^2}$$
なので，
$$t_3 = \frac{l}{\sqrt{c^2 - u^2}}$$
したがって，AM_2 を往復するのに要する時間は，
$$t_{AM_2} = \frac{2l}{\sqrt{c^2 - u^2}}$$
$$\approx \frac{2l}{c}\left(1 + \frac{u^2}{2c^2}\right)$$
ゆえに，時間差は
$$t_{AM_1} - t_{AM_2} = \frac{u^2 l}{c^3}$$
となる．なお，時間差を距離差に直すには，この式の両辺に c を掛ければよい．

装置をそのまま 90° 回転すれば，AM_1 と AM_2 の関係が入れ代ることになるので，全体として $2 \cdot u^2 l/c^2$ の距離差を生じ，これに相当する干渉縞のずれが生じるであろう（距離差が波長に等しいと干渉縞が 1 つ移動する）．この距離差は装置の精度からして十分観測できるはずであった．ところが，マイケルソン - モーレーの実験では，予期した干渉縞の移動を見出すことができなかったのである．

17.4 マイケルソン - モーレーの実験結果に対する解釈

マイケルソン - モーレーの実験の否定的結果は，科学史上かつてない衝撃を物理学会に与えた．マイケルソンは自分の実験が失敗であると考え，さらに精度の良い装置で追試をし，他の学者たちも同じ実験をくり返したが，いずれの実験も否定的結果に終わったのである．さて，それではこの結果をどう解釈すればよいであろうか．

解釈1．　地球は動かない．

　この解釈は，もしマイケルソン–モーレーの実験が2，3世紀早く行われていたら，非常に簡明な答えとして容易に受けとられたであろう．しかし，19世紀の末では，説明力をすっかり失っていた．

　　解釈2．　エーテルが，ちょうど密閉された電車内の空気のように地球
　　　　　　　に引きずられて動いている．

　この解釈は光行差の現象の説明と矛盾する．また，流水中で直接測った光の速度は静水中の光速度よりわずかに大きいが，静水中の光速度と流水の速度との和にまでは達しないのである．

　　解釈3．　すべての物体は運動方向に収縮する．

　この仮定はフィッツジェラルド（Fitzgerald，イギリス，1892）とローレンツ（Lorentz，オランダ，1893）とによって独立に提出された．静止エーテル中を速度 v で運動する物体はその速度の方向に長さが $\sqrt{1-v^2/c^2}$ 倍になるというのである．

　このような，いわゆる**ローレンツ収縮**の仮定は静止エーテルの仮定を保存したままマイケルソン–モーレーの実験を説明し得るが，あらゆる物体が同じ割合で収縮するというのもおかしいし，またその収縮を実測しようとした試みはすべて不成功に終った．

　　解釈4．　光はあらゆる方向に同じ速さで進む．

　ローレンツ収縮を仮定してマイケルソン–モーレーの実験結果を説明したローレンツは，さらに運動する時計もまたエーテルの圧力を受けて遅れると仮定すると，光はあらゆる観測者から見て同じ速さで進むことになり，これまで説明されないまま取り残されていた電磁気に関するいくつかの実験結果がうまく説明されることを示した．しかし，時計の遅れについては物理的な意味づけはなく，単に数学的に形式的に誘導されたに過ぎなかった．

　アインシュタイン（Einstein）はこれとは全く違った立場からこの問題に取り組んでいった．そして1905年，"運動物体の電気力学"と題する論文を

発表した．そこで彼は，光があらゆる方向に同じ速さで進むことを一つの原理として理論を展開したのである．今日，彼の理論は特殊相対論とよばれている．これについては章をあらためて述べることにしよう．

考えてみよう

[1] 光行差を角度 21″，地球の速度を 30 km/s として，光の速度を計算せよ．

[2] 図 17.2 のフィゾーの実験で歯車の歯の数が 720 であり，回転数が毎秒 12.6 回転に達したとき，像が見えなくなったという．光速度を計算せよ．

[3] マイケルソン‐モーレーの実験で $l = 10$ m とし，波長が 500 nm (1 m $= 10^9$ nm) の光源を用いるとき，予想される干渉縞のずれはいくらか．

18 相 対 論

　前節で述べたように，マイケルソン‐モーレーの実験が契機となって，アインシュタインの相対論*が出された．そのころ，これを理解し得る学者は世界に数名いるにすぎないといわれたものである．というのも，この理論は空間と時間についての従来の考え方を大きく変更することを要求していたからである．しかし，今日では相対論は確固たる実験的な支持を受けており，これを疑う者はいない．ここでは，

　① 相対論の基本仮定は何か
　② 相対論によってニュートン力学はどのように変更しなければならないか
等について極めて簡単に触れてみよう．

18.1 基本要請

　第1章の終りで述べたように，地上にある実験室（基準系）は慣性系である．そこでは，物体に力がはたらかなければ等速度運動をする．すなわち，慣性の法則が成り立つ．

　地上の実験室に対して等速度運動をしている列車内の実験室を考えてみよう．簡単にするために，地上にある実験室を A，列車内の実験室を B とよぶことにする．

　われわれの日常の経験からすると，地球も動いているので，B もまた慣性

---

*　相対論には特殊相対論と一般相対論とがある．特殊相対論を単に相対論という場合が多い．ここでもその意味で用いている．

系である．Aでニュートンの運動の法則が成り立つように，Bでもニュートンの運動の法則が成り立つ．Bの中で真上に投げ上げられたボールはまっすぐに手の中に落ちてくる．

　　　"互いに他に対して等速度運動をするあらゆる実験室の中では，
　　　物体は同じ法則に従って運動する．"
これを**ガリレイの相対性原理**という．

　物体の運動ばかりでなく，他の物理現象についての法則においても，同様なことがいえないであろうか．もし，慣性系が異なると法則もまた異なるとすると，どんなことが起こるだろうか．地球の同じ場所で春に行った実験から得られる法則と秋に行った実験から得られる法則とは一般には一致しないであろう．それでは，自然法則としてまことに価値のないものである．

　そこで，アインシュタインは第1の要請として，
　　　"すべての慣性系で自然法則は全く同じ形である"
ことをかかげた．これを**相対性の原理**とよんでいる．この原理で要請するのは自然法則の形であって，個々の物理量ではない．ガリレイの相対性原理の場合にも，AとBの慣性系で同一なのは同じ法則 $f = ma$ であって，Aから見た速度とBから見た速度とは等しくない．

　アインシュタインは第2の要請として，
　　　"光源の運動に関係なく，光は常に一定の速度で真空中を進
　　　む"
ことをあげた．これは**光速度一定の原理**とよばれている．もしこの原理を認めるならば，マイケルソン-モーレーの実験の結果は当然の結果である．

　電気的，磁気的現象を統一する法則として，マクスウェルの電磁法則が知られているが，その式の中には1つの定数が含まれている．そして，その法則からマクスウェルは電磁波の存在を予言し，その速度がその定数に等しいことを示したのであった．したがって，マクスウェルの電磁法則はそのままあらゆる慣性系において成り立つように思われる．しかし，光速度一定の原

理は当時の多くの学者がいだいていた速度についての考え，したがって，またガリレイの相対性原理と矛盾しているのである．

われわれになじみ深い速度の合成法則によれば，AにするBの速度をvとすると，Aに対してuの速度で運動している物体はBに対して$u-v$の速度をもっている．自動車を追いかけている列車内から見れば，地上の人が見るよりも自動車はゆっくり走っているように見える．ところが，アインシュタインによれば，同一の光源から出る光の速度について，光源に向かって近づいている人もまた遠ざかっている人も同じ測定値を得るのである．これに対して，アインシュタインは次のように述べている．

「光速度一定の原理を容認し得ないのは，速さと時間が絶対的である，"どんな立場から測っても一定である"という古典的な見方を捨てようとしないからである」と．

相対性の原理，光速度一定の原理，この2つの要請に基づいて構成された理論が**特殊相対論**である．

18.2 時間と空間の相対性

相対論の要請（基本原理）から直ちに出てくる結論の1つは，同時という概念は相対的な概念であるということである．一直線の軌道上を一定の速さvで長い列車が走っているとしよう．ある時刻に，列車のちょうど中央で電灯がつくとする．この光はある時間の後には列車の両端に同時に到達するであろう．この列車に乗っている観測者からすれば，この光は列車の両端に同時に到達する．このことは，光の速さはあらゆる方向において同じであり，光の進む距離が等しいのであるから当然である．これを地上にいる観測者から見たらどうであろうか．光はあらゆる方向に同じ速さで進む．しかし，列車は運動しているので，前方へ進む光は列車の前端を追いかけて行くことになり，後端に進む光は近づいて来る列車の後端に向かって走って行く．それゆえ，光は前端に到着するよりも先に後端に到着することは明らかである．

18.2 時間と空間の相対性

一般に，

① Bの中で同じ時刻に異なる場所で起こることは，Aからは異なる時刻に起こると見なされる．

ところで，上の文章で空間と時間とを入れ替えてみると，次のようになる．

② Bの中で同じ場所で異なる時刻に起こることは，Aからは異なる場所に起こると見なされる．

②では，食堂車内で食事をしている乗客を食堂車の給仕から見れば，同じ場所でスープとデザートを食べたのであるが，地上の人から見れば，スープとデザートをレールに沿って数 km も離れた場所で食べたことになるのである．このことは自明のように思われる．それに反して，①の命題はなかなか納得しにくい．その理由は，われわれの日常生活では，ゼロから光速度までにわたる物理的に可能なあらゆる速度のうち，極めて小さい速度にだけ慣れているということによる．日常の距離を測るのに1光年（光が1年間に進む距離．地球に最も近い恒星までの距離は 4.3 光年．）を用いる宇宙人？や時間を測るのにマイクロ秒（10^{-6} 秒）を用いる原子人？では，相対論は常識にすぎないであろう．

同時という概念が崩れ去ったとき，他のいくつかの概念も一緒に崩壊した．その一つとして，時間は相対的になる．同じ2つの出来事の経過時間の見積りが観測者によって違うのである．ニュートン以来信じて疑わなかった普遍的な宇宙空間という概念を完全に放棄しなければならない．相対性理論によれば，運動している時計は遅れるのである．また，長さも相対的になる．速い速度で走っている列車の長さは，その頭部と末尾がどこにあるかを同じ瞬間に知らなければ測れない．また，運動している物体の長さは $\sqrt{1-v^2/c^2}$ に縮むと判断されるのである．これは先のローレンツ収縮と一致している．しかし，ローレンツとアインシュタインの解釈は全く異なる．ローレンツによれば，静止している物体の長さは，静止している観測者にとっても運動している観測者にとっても同じである．なぜなら，式の中の v は物体の観測

者に対する速さではなく，エーテルに対する速さだからである．一方，アインシュタインの考えでは，物体の長さが縮むのは物体そのものに起こるなんらかの変化の結果ではなく，単に物体がそれを観測する器具に対して運動しているからである．物体が遠ざかるとき，物体を見こむ角が小さくなっていくような，また列車内から見ると地面に垂直に降る雨が斜めになるような普通の現象と同列のものである．

18.3 速度の合成

図18.1のように，x軸に平行にx'軸がvの速さで運動しており，x'軸に対して物体がu'の速さで運動しているときには，この物体のx軸に対する速さuはニュートン力学によれば$u = u' + v$である．ところが，相対論では光速度はあらゆる観測者に対して等しいのであるから，もっと複雑な法則に従って変換されることが想像される．

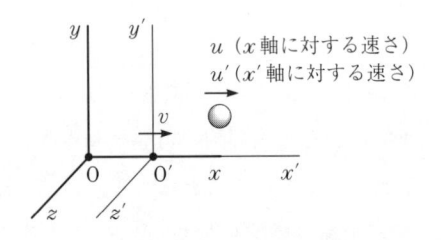

図 18.1 速度の合成

くわしい計算によれば，

$$u = \frac{u' + v}{1 + \dfrac{v}{c^2}u'} \quad (18.1)$$

で表されることになる．この式で，$u' = c$とおくと，uもまたcとなることが容易にわかるであろう．

いま，ロケットに取り付けられた実験室で，一定の時間後にエンジンをはたらかせて加速し，一定の速度を加え

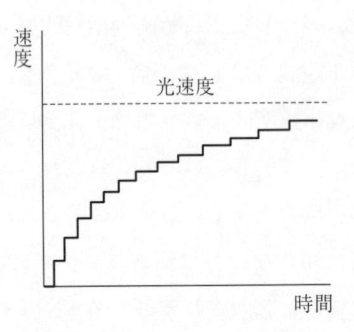

図 18.2 一定周期で等加速度運動をしているロケットの地上における観測結果

ることをくり返しているとき，これを地上の実験室から観測した結果は図 18.2 のように示される．ただし，燃料の消耗による質量の減少や，重力の影響は考えに入れていない．ロケット内での等しい時間間隔も，地上から見れば，速度の増加と共に伸びてゆくのである．

18.4 相対論的力学

これまでわれわれは，もっぱら空間と時間の関係をみてきたが，今度はニュートン力学がどのように変更されなければならないかをみてみよう．

相対論的力学では，重要な関係が 2 つ得られる．その 1 つは質量と速度との関係である．ニュートン力学では，力と加速度との比として質量が定義され，物体の質量は速さには無関係に一定であると考えられた．このことは，一定の力がはたらいているときには，図 18.3 からわかるように，力がはたらき始めてから 1 秒後の速さにその次の 1 秒間に物体が得た速さを単に加えることによって，初めから 2 秒後の速さが求められることを認めているのと同じである．しかし，相対論では (18.1) のような速度の合成法則が成り立つので，速さが速くなってくると，速さはもはや力のはたらく時間に比例して増加しなくなる．はたらいている力は変らなくても，速さの増加はますます遅くなってゆく．そして，質量は速度に依存するようになる．計算によれば，質量と速度の関係は，

$$m = \frac{m_0}{\sqrt{1 - \dfrac{v^2}{c^2}}} \tag{18.2}$$

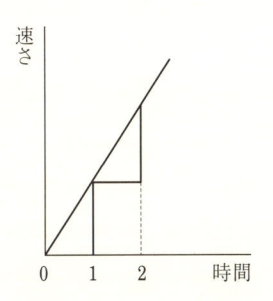

図 18.3 ニュートン力学における力と時間の関係

で与えられるのである．m_0 は **静止質量** とよばれ，物体に対して静止している観測者が測定した質量に等しい．電子の質量が速度と共に増加することは，

相対論以前にカウフマン（Kaufmann，ドイツ，1901）によって実験的に示されていた．今日では，電子を光速の 0.999999999 以上まで加速することができるが，このような電子では，質量は静止質量の約 4 万倍にもなってしまう．

　もう 1 つは，質量とエネルギーとの関係である．物理系の全エネルギーを E，質量を m，光速度を c とするとき，

$$E = mc^2 \tag{18.3}$$

である．ここで，全エネルギーとは物理系の内部エネルギーと運動エネルギーの和である．運動エネルギー T は，

$$T = mc^2 - m_0 c^2 \tag{18.4}$$

で与えられる．

　これまで示された相対論のあらゆる関係式は，もし光速度を無限大と見なすならば，それに対応する古典的な式に移行することがわかる．しかし，この**質量とエネルギーとの同等性の法則**に限っては，古典論中に類似な関係を見出すことができないのであって，完全な意味で新しい法則である．

　質量とエネルギーの同等性の法則は，原子核反応に関して強い実験的支持を得ているのであるが，それについては後章で述べることにしよう．

　（注）電磁気学の基本法則であるマクスウェルの電磁方程式は，相対論においても書き換える必要はない．

考えてみよう

[1] 長さ 1 m の棒が長さの方向に光速度の 1/2 の速さで運動しているとき，長さはいくらになるか．

[2] 質量が静止質量の 3 倍になるときの物体の速度を求めよ．

5章 物質

19. 電子とイオン　　　　　*156*
20. エネルギー量子　　　　*163*
21. 原子　　　　　　　　　*171*
22. 分子と結晶　　　　　　*179*
23. 原子核　　　　　　　　*188*
24. 素粒子　　　　　　　　*196*

19 電子とイオン

電流のところで，電気は金属内では自由電子が，溶液内ではイオンが運ぶことを学んだ．ここでは，電子やイオンの存在をさらに裏付ける実験的事実を通して，それらの性質の一端を明らかにしよう．また，これらの帯電粒子を加速する方法の概略を述べよう．

19.1 電気素量

電解液の電気伝導現象を通して，電気に最小の量があることをそれとなく知ったが，その値がどのくらいであるかはわからない．ただ，はっきり知り得たのは，イオンの質量と電荷との比である．

電気の最小量，すなわち**電気素量**の値はミリカン（Millikan，アメリカ）によって1909年以来長年にわたって測定された．図19.1は1919年に用いられた装置である．霧吹きDで油を噴出させると油滴ができ，その1つが金属板Mの中央にある小さい穴を通ってPに入ってくる．これに側面より強い光を当て，顕微鏡でのぞきその運動を観測する．油滴の質量をM kgとすれば，Mgの重力をうけて油滴は落下するが，空気の抵抗が

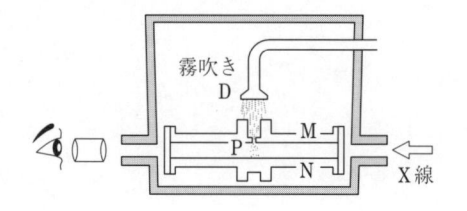

図 19.1　ミリカンの電気素量測定装置

あるため，すぐに重力と空気抵抗が等しくなって等速度運動になる．そのときの速さを v をすれば，

$$Mg = pv \tag{19.1}$$

が成り立つ．ここで，p は比例定数である．

油滴は一般に帯電している．その帯電量を e とすれば，M, N 間に電圧をかけ，強さ E の電界を作ると，油滴は eE の電気力をうけて上昇運動をするが，やがて等速運動になる．そのときの速さを v' とすると

$$eE - Mg = pv' \tag{19.2}$$

である．(19.1) と (19.2) より，

$$e = \frac{p}{E}(v + v') \tag{19.3}$$

が得られる．

さて，1つの粒子について観測を続けていると，v は変化しないが v' が変化することが時々ある．このような変化はX線を当てて（帯電させて）起こさせてもよい．これは，油滴の質量は変化しないが，その帯電量が変化したために起こったのである．このとき，e が電気素量 e_0 の整数倍のみをとるものとすれば，n を整数とすると，

$$e = ne_0$$

となるので，(19.3) は，

$$ne_0 \frac{E}{p} = v + v'$$

となり，$v + v'$ の値は一定値 $e_0 E/p$ の整数倍になるはずである．実験の結果は，電気素量の存在を極めて明確に示した．

電気素量の数値を求めるには p の値が必要である．球形の物体が流体中を落下するとき，落下速度と抵抗の間には**ストークス**（Stokes, イギリス）**の法則**が成り立つことが知られている．ミリカンは油滴を球形と見なし，この法則が成り立つものとして p を求め，e_0 の値を計算した．ストークスに

よれば，$p = 6\pi\eta a$ である．ただし，η は空気の粘性係数で，a は粒子の半径である．今日では電気素量として，

$$e_0 = (1.601864 \pm 0.000024) \times 10^{-19}\,\mathrm{C}$$

が用いられている．

19.2 真空放電

気体は普通の状態では電気の絶縁体と見なされるが，気体の圧力が低くなると，放電が起こりやすくなる．図19.2のように，ガラス管内に2つの電極を挿入し，極間に数千ボルトの電圧をかけ，真空ポンプで容器中

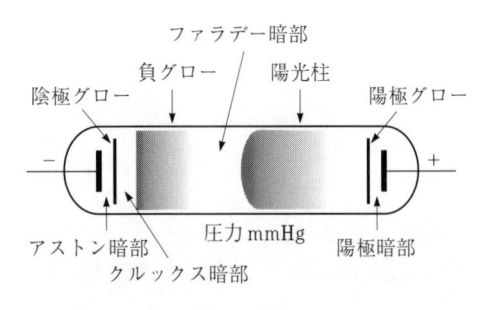

図19.2 ガイスラー管中のグロー放電

の気圧を徐々に減じる．圧力が数 cmHg くらいになると，赤紫色の糸状の輝きが両端を連ねる．さらに圧力が低くなると，管全体が赤みがかった色に光る．圧力が数 mmHg くらいになると，陰極の付近は暗く，他は明るく光り，その中に管と直角に縞ができる．色は管内の気体の種類によって異なる．ネオンでは赤色，アルゴンでは青紫色，水銀蒸気では青白色，空気では赤紫色となる．上に述べた程度の圧力で使用する放電管を**ガイスラー管**という．

圧力がさらに低くなると，縞が粗くなり始め，陰極付近の暗い部分が広がって，縞は次第に陽極の方へ押しやられる．0.01 mmHg 以下くらいになると，輝きはほとんど消える．そして，陰極に相対するガラス管壁が黄緑色の蛍光を出すようになる．この状態のときに管の途中に物体を置くと，ガラスが蛍光を発している部分にその影ができる．このことから，陰極から何かが出ていて，それがガラスに衝突して蛍光を出させていることがわかる．陰極から放射されているものを**陰極線**という．陰極線は物体に当たると力をおよ

ぼし，加熱する．陰極線に外部より電界または磁界を与えると，その進路が曲げられる．これらの実験より，陰極線は負の電気をもった粒子の流れであると推定された．この粒子を**電子**という．

電子が電界および磁界によって曲げられる関係を用いて，電子の比電荷が測定された．1890年にシュスター（Schuster，イギリス）によって初めて得られた値は 0.36×10^{11} C/kg であった．これは今日の値 1.7588196×10^{11} C/kg に比べると著しく小さすぎたが，それでも，電気分解によって得られていた水素イオンの比電荷に比べると約400倍くらいあった．いろいろの点から，1価イオンのもつ電気量と電子の電気量は等しいと考えられるので，比電荷のこの相違は水素イオンの質量と電子の質量の違いによるものと考えられた．今日の測定結果によれば，電子の質量は水素イオンの質量の 1/1836.1 にすぎないのである．

電子の比電荷と電気素量とから電子の質量を計算すると，
$$m = 9.1091 \times 10^{-31} \text{ kg}$$
となる．

19.3 陽極線と同位元素

真空放電の場合に陰極に小さい孔をあけておくと，孔を通って進む，いわゆる陽極線が検出される．**陽極線**は，電界や磁界によって陰極線と反対方向に曲げられることから，正の電気を帯びている微粒子であることがわかる．その比電荷は電子に比べて極めて小さく，陽極に用いた物質や，管内の気体の種類によって異なる．よって，これらの微粒子は物質の原子が1個または数個の電子を失ったもの，すなわち正イオンであると考えられる．

1912年にJ.J.トムソン（J. J. Thomson，イギリス）はネオンを満たした放電管を用いて生じる陽極線に図19.3のように電場と磁場をかけ，比電荷を測定した．その際，(b)のような写真が得られた．イオンの中には速度の速いものや遅いものがあるので，それらが1つの放物線上に乗るようにな

っている。この図には，放物線が2本ある。1本はネオンによるものとして，他は何によるものであろうか。トムソンはこれについていろいろ考察した結果，ネオンは2種類あるに違いないと結論したのである。

この2種類のネオン原子は質量はわずかに異なるが化学

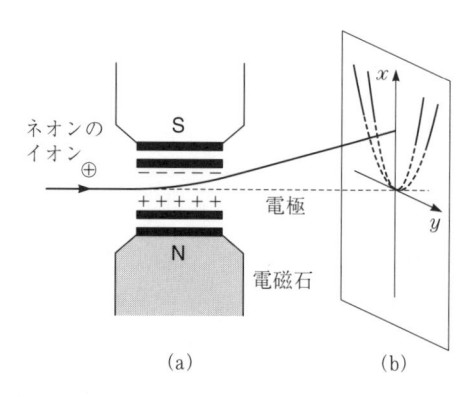

図 19.3 トムソンによる比電荷の測定

的性質は全く同じであると考えられる。このような元素を**同位元素**であるという。その当時，あとで述べる放射性同位元素についてはすでに知られていたのであるが，それは特別の場合であると一般には考えられていたのである。イオン化した元素を磁場と電場中を通し比電荷の違う元素に分けることを**質量分析**という。1919年にアストン（Aston，イギリス）は質量分析の方法を改良し，極めて多くの元素について分析を行った。その結果，ほとんどすべての元素に同位元素があることが明らかになった。

19.4 荷電粒子の加速装置

電界内に置かれた荷電粒子は加速される。そのとき粒子が得る運動エネルギーは，粒子の電荷と電位差との積に等しい。電気素量 1.60×10^{-19} C をもつ粒子が電位差 1 V の間で得る運動エネルギーは 1.60×10^{-19} J である。この値を **1 エレクトロンボルト** または 1 電子ボルトとよび，記号 eV で表す。原子に関係した分野では，この単位が多く用いられている。

次に，荷電粒子を加速する装置の代表的なものを数種挙げる。

（a）バン・デ・グラフ（van de Graaff）の加速器

金属に電気を与えると，電気はその外側にのみ分布するため，内側から電

気を次々と与えることができる．図19.4のように，絶縁性のベルトを回転させ，これに電源から正電荷を乗せて金属球に運び，金属球を帯電させて高電位にする．Aに導びかれた荷電粒子は，得られた高い電位差を利用してBに向かって加速される．

(b) 直線型加速器

長さの異なる円筒形の金属の電極が直線上に配置されている．図19.5の場合，正の荷電粒子が間隙Aで加速される．高周波電源の周期が適当であれば，間隙Bに来たとき電極の電位が図と反対になっていて，Bで再び同方向に加速される．

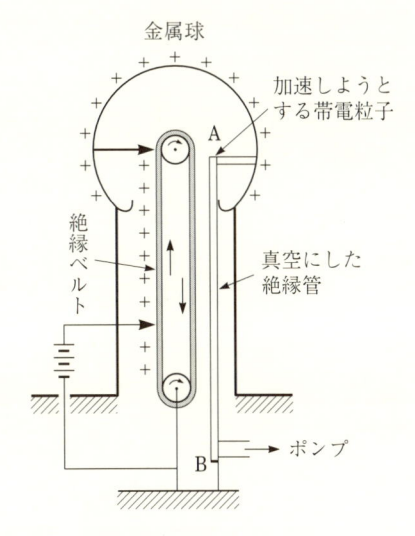

図 19.4 バン・デ・グラフ

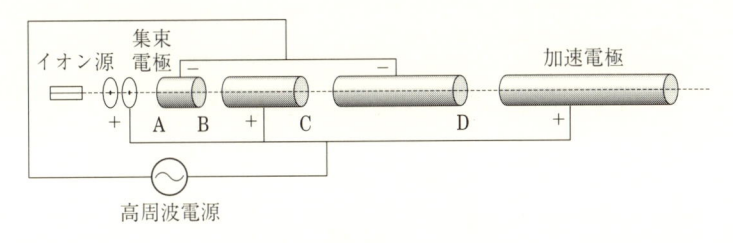

図 19.5 直線型の電子加速器

(c) サイクロトロン

図19.6のように，中空半円形の電極を2つ向かい合わせたものを電磁石の間に置く．電極には高周波の高電圧をかける．中央の荷電粒子源から出た粒子は間隙のところで加速され，次第に速度を増し，渦巻状の軌道を描く．

162　19. 電子とイオン

最後に補助電極のはたらきによって，外に取り出される．粒子の速度が極めて大きくなると，相対論的な影響を考えなければならない．このような加速器をシンクロトロンという．シンクロトロンでは，狭いトラックの中を粒子が走るように工夫されている．

　　(d)　ベータトロン

図19.7のAはドーナツ形の真空管である．これを通過する磁束が変化すると，電磁誘導によって磁束をとり巻く円形の電界ができ，真空管内に放射された電子が加速される．

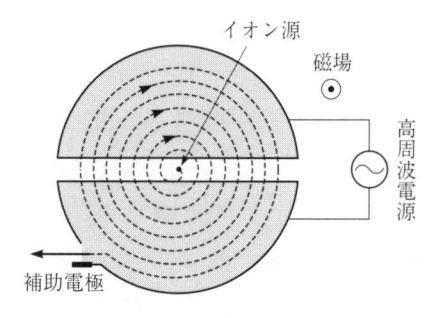

図19.6　サイクロトロン

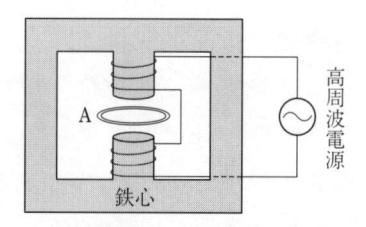

図19.7　ベータトロン

考えてみよう

[1]　水素の原子核の質量は電子の質量の1800倍であり，電気量は電子の電気量の絶対値に等しい．水素の原子核と電子とが 0.53×10^{-10} m 離れているとき，
　(a)　両者の間にはたらく電気力はいくらか．
　(b)　両者の間にはたらく万有引力はいくらか．

[2]　電子を 30000 V の電位差で加速するとき，
　(a)　電子の得る運動エネルギーは何ジュールか．
　(b)　電子の速度はいくらか．

20 エネルギー量子

　物質は原子の集合体であるという考えに続いて，電気もまた素量をもっていることが明らかにされた．ところで，エネルギーについても最小単位のあることが認められるようになった．これこそが新しい物理学の一つの特徴である．
　① このようなエネルギー量子の仮定はどのような現象の研究から提起されたのであろうか．
　② エネルギー量子の考えは光に再び量子性を与えることになったが，それはどのような現象によって実証されたか．
　③ これまで粒子と考えられてきた電子などにも，他方で波動性を認めなければならなくなったが，それはどのような事情によるか．
　ここでは，これらのことについて触れてみよう．

20.1 温度放射と量子仮説

　固体を加熱していくと，比較的温度の低いときは暗赤色であるが，温度が高くなると白熱する．このとき，固体の表面から**熱放射線**（電磁波）が放射されている．この放射線は焰や蛍光燈の光と違い，固体の温度と深い関係があり，温度が決まれば波長分布が決まってしまう．そこで，これを**温度放射**という．固体は熱放射線を放出すると同時に外からの熱放射線を一部吸収し，また一部は反射する．キルヒホッフ（Kirchhoff，ドイツ，1859）によれば，ある波長の放射線をよく吸収する表面は，同じ放射線をよく放射する．入射した放射線をすべて吸収する物体を**黒体**という．黒体は理想体であるが，理

論上極めて重要である．

　黒体の出す放射を実験するには，黒体の代りに，周囲を一定の温度に保った空洞が用いられる．空洞に開けられた小さい孔から出てくる放射が黒体の放射に等しいことは理論的に証明されている．空洞の放射を分光器を用いて分析すると，図20.1のような曲線が得られる．図の上の方の曲線ほど温度が高い場合に当る．図中に示した各温度で1秒間に単位面積から放射される全エネルギーは曲線と横軸との間に挟まれている面積で示される．

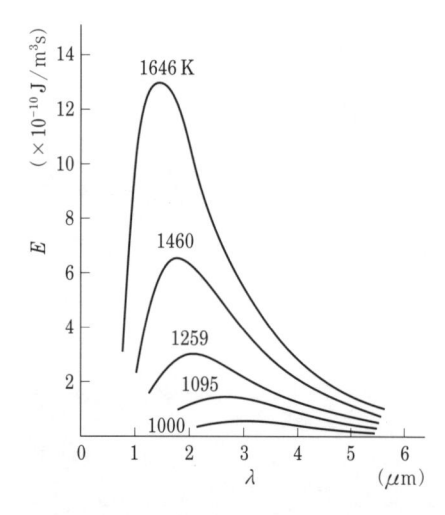

図20.1 空洞より放射される放射線のスペクトル

　全エネルギー E と絶対温度 T との間には，

$$E = \sigma T^4 \tag{20.1}$$

の関係がある．ただし，σ は比例定数である．これを**シュテファン‐ボルツマンの法則**（Stefan，オーストリア，1879，Boltzmann，オーストリア，1884）という．また，最大のエネルギー放射に相当する波長を λ_m とおくと，

$$\lambda_m T = 一定 \tag{20.2}$$

の関係がある．これを**ウィーンの変位法則**（Wien，ドイツ，1893）という．

　次に，図20.1の曲線を表す式はプランク（Planck，ドイツ，1900）によって求められた．それは，

$$E = \frac{2\pi hc^2}{\lambda^5} \frac{1}{e^{hc/kT\lambda} - 1} \tag{20.3}$$

という少々難しい式である．ここで，c は光速度，k は**ボルツマン定数**，h はある定数である．ニュートン力学やマクスウェルの電磁理論に基づいての

計算からはこのプランクの放射式は出てこない．そこで，プランクは彼の放射式を理論的に導き出すために，新しい仮定を導入した．まず，放射線を放出したり吸収したりする物体を振動子とよぶ単振動を行う粒子の集合と考え，そして，"振動子の振動数を ν とするとき，振動子のもつことのできるエネルギーの値は，h をある一定値として，$h\nu$ の整数倍に限る"と仮定するのである．h の大きさは実験結果と比較して定めることができ，

$$h = 6.63 \times 10^{-34} \text{ J·s}$$

となる．h を**プランクの定数**，$h\nu$ を**エネルギー量子**という．

ニュートン力学では，バネに吊るされた物体は単振動を行うが，動かし始めるときの条件，すなわち初期条件をいろいろ変えることによって，振幅を連続的に変化させること，したがってエネルギーに連続的に異なる値をとらせることができる．一方，**プランクの振動子**は，

$$0, \quad h\nu, \quad 2h\nu, \quad 3h\nu, \quad \cdots$$

という不連続な値しかとれないのである．

以後，しばしば見られるように，原子や分子に関係した現象を取扱う場合，プランクの定数 h が極めて重要な役割を演じる．このエネルギー量子の仮定を含んだ理論を**量子論**という．

20.2 光電効果

1887 年にヘルツ（Hertz）は火花放電を用いて電磁波の実験をしているとき，紫外線が陰極に当たると火花が飛びやすくなることを見出した．この現象は陰極の表面がきれいであるときに特に著しい．翌年，ハルヴァックス（Hallwacks，ドイツ）は Zn や Al の板にアーク灯の光を当てると，負の電気が逃げ出すことを電気計を用いて調べた．飛び出す負の電気が電子の流れによることは 1900 年に行われたレナルド（Lenard，ドイツ）の比電荷の測定によって確認された．このように，物質に光を当てると電子が飛び出す現象を**光電効果**といい，光電効果によって飛び出す電子を**光電子**という．

光が当たって光電子が放出されるには，光の振動数が一定値より大きくなければならない．この限界値は金属の種類によって異なるが，純粋な金属ではたいてい紫外部にある．Csの酸化物では可視部から赤外部におよぶ．放出される光電子の速度は光の振動数と共に増加する．電磁光学説からすれば，光電子の運動エネルギーは光の強さと共に増加すると考えられるが，事実はこれと異なる．光の強さが増すと，光電子の速度は増加しないが，光電子の数が増すのである．

1905年にアインシュタインは，プランクのエネルギー量子の仮定を光の場合に拡張し，この現象を次のように説明した．振動数 ν の光はエネルギー $h\nu$ の粒子の流れである．この光の粒子を**光子**または**光量子**という．光子が電子に衝突すると，全エネルギーを電子に与える．電子は得たエネルギーの一部を金属の表面から飛び出すのに要する仕事に費やし，残りを運動エネルギーとしてもって出てくる．したがって，電子の質量を m，速度を v，電子が表面から出るのに要する仕事（これを仕事関数という）を W とすれば，次の関係式が得られる．

$$\frac{1}{2} mv^2 = h\nu - W \qquad (20.4)$$

この式をアインシュタインの**光電効果の式**という．後に，この関係はミリカンによって精確に実証された（1915年）．

20.3 X線

話は少し前にもどるが，1895年にレントゲン（Röntgen，ドイツ）は陰極線が当たった物体から放射線が出ることを偶然発見した．この放射線は陰極線管を黒い紙で覆っても，これを通過して蛍光板を光らせたり，写真乾板を感光したりした．レントゲンはこれを **X線**と名付けた．X線は電界や磁界によって進路を曲げられないので，電磁波と考えられるが，実際に電磁波ならば，回折現象を生じるはずである．1912年にラウエ（Laue，ドイツ）

は，結晶体の内部では原子が規則正しく並んでいるであろうから，これを回折格子に代用すれば，回折現象を見ることができるのではないかということを提言した．この提言はフリードリッヒ (Friedrich) とクニッピン (Knipping) によって見事に実証された．この実験によって，X 線が 1 Å (0.1 nm) 程度の極めて短い電磁波であること，結晶内の原子が規則正しく並んでいること，が同時に確かめられたことになる．

さて，光子説によれば，X 線もまた光子の流れであると考えられるが，このことを直接立証する現象が 1923 年にコンプトン (Compton，アメリカ) によって発見された．振動数の大きい X 線を原子量の比較的小さい原子に当てると，入射 X 線のほかにこれより波長の長い X 線が同時に散乱される．コンプトンはこの現象を電子と光子 (X 線) とが弾性衝突をした結果であると考えた．電子は原子内に束縛されているが，光子のエネルギーが非常に大きいので，電子は光子に対し完全に自由な状態にあるとしてさしつかえないであろう．弾性衝突の際に，エネルギー保存の法則と運動量保存の法則とが成り立つはずである．c を光速として，光子に

$$p = \frac{h\nu}{c} \tag{20.5}$$

なる運動量を付与することによって，実験の結果を極めて良く証明することができた．

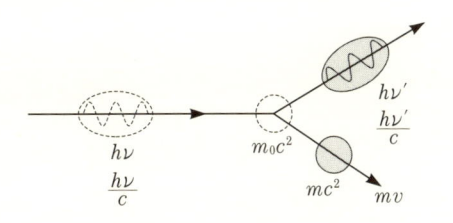

図 20.2 光子の弾性衝突

光を光子の流れと考えなければならない現象はほかにも多く知られている．しかし，それで光の波動説を全く否定してしまうわけにはゆかない．光が空間を伝わっていくときに起きる干渉や回折などの現象は光を"波動"と考えなければならないし，光が物質と相互作用するときには，光子としての"粒

子性"を認めないわけにはゆかない．こうして，われわれは光に粒子と波動との二重性を認めざるを得なくなったのである．

20.4 電子の波動性

光が二重性をもつとすれば，従来粒子とのみ考えられてきた電子も波動性をもつのではないだろうか．この考えは，最初ド・ブローイ（de Broglie, フランス，1924）によって提唱された．光の場合に粒子性と波動性を結び付ける関係式

$$E = h\nu \tag{20.6}$$

が電子の場合にも成立すると仮定し，また，電子の運動量 p と波長 λ との間に，

$$p = \frac{h}{\lambda} \tag{20.7}$$

の関係があると仮定したのである．

電子の運動エネルギーは，電子の電気量を e，加えられた電圧を V とすれば，

$$\frac{1}{2}mv^2 = eV \tag{20.8}$$

で与えられる．(20.7) より

$$\lambda = \frac{h}{p} = \frac{h}{mv}$$

これに，(20.8) より v を求めて代入すると

$$\lambda = \frac{h}{\sqrt{2meV}} \tag{20.9}$$

となる．m, e, h にそれぞれ数値を入れ，V をボルトで測ることにすれば，

$$\lambda = \sqrt{\frac{150}{V}} \text{ Å}$$

となる．よって，加速電圧を 15000 V とすれば，$\lambda = 0.1$ Å となる．これは

X線の波長に匹敵する．そこで，ド・ブローイの仮定が正しいとすれば，X線による結晶面での回折現象と同じような現象が電子線を用いて見られるはずである．デビソン（Davisson）とジャーマー（Germer, 1927）はブラッグの方法と類似した方法で実験を行い，電子の波動性を明らかにした．

図20.3の (a) および (b) はX線を，(c) および (d) は電子線をそれ

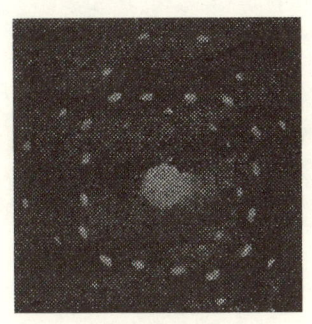

せん亜鉛鉱
(ラウエの方法)
(a) 単結晶のX線回折

アルミニウム箔
(デバイ-シェラーの方法)
(b) 多結晶のX線回折

鉄の合金
(c) 一つの結晶の電子線回折

金　箔
(G.P.トムソンが1927年に最初にこの方法を用いた)
(d) 多結晶の電子線回折

図20.3 結晶によるX線と電子線の回折像

ぞれの物質に照射して撮られた回折写真である．写真が規則性をもった斑点の集合となったり，リング状となったりするのは，回折が単結晶で起こっているか，微細な結晶の集合体で起こっているかによる．

電界または磁界によって電子レンズをつくり，電子線を適当に集束したり発散させ，電子顕微鏡がつくられている．電子線の波長はX線の波長に比べて非常に短いので，図20.4のように原子の大きさに近い分解能をもつ像を得ることができる．また，回折を起こ

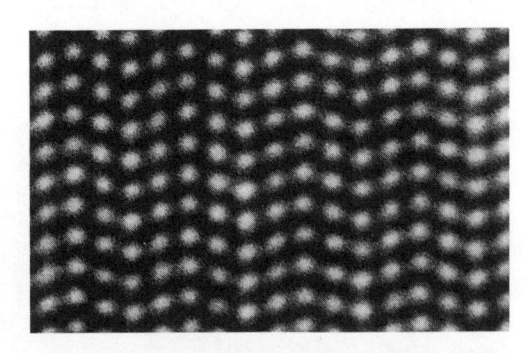

図20.4 透過型電子顕微鏡により撮影した炭化ケイ素の格子像

している小さな部分の結晶内部の詳細を観察することもできる．

現在では，電子以外の物質粒子も波動性をもつことが陽子や中性子などについて実証されている．

考えてみよう

[1] 太陽のスペクトルで極大の強度を示す波長は 5.5×10^{-7} m である．ウィーンの変位法則の定数を 2.9×10^{-3} m・deg として太陽表面の温度を求めよ．

[2] 金属の表面に当てる光の振動数と，出てくる光電子のエネルギーとの関係を表すグラフはどのような形になるか．グラフからどのような量がどのようにして求められるか．

[3] 速さ 7.2×10^6 m/s の電子に付随するド・ブローイの波の波長はいくらか．

21 原　　子

原子の中には電子が含まれていることが明らかになった．ここでは，電子は原子内に何個あるか．それはどのように配置されているか．また，正の電荷はどのように配置されているか．これらの問題などについて考えよう．

21.1　ラザフォードの原子模型

1903年に2つの原子模型が出された．トムソン（Thomson，イギリス）の模型は，一様に正の電荷が分布している球の中で負の電荷をもつ電子が運動しているのに対し，長岡の模型では，重くて正の電荷をもった核が中心にあり，その周囲を電子が土星の環のように回っているというものである．原子の出す光についてうまく説明できるという点では長岡模型が優れていたが，原子の安定性をうまく説明できるという点ではトムソン模型が優れていた．

1909年にガイガー（Geiger，ドイツ）とマースデン（Marsden）は図21.1のようにα線を金箔に当てて，その散乱現象を観察した．α線はヘリウムイオンすなわちα粒子の流れである．大部分のα粒子は方向を変えないで通過するが，極めてまれに矢印で示したよ

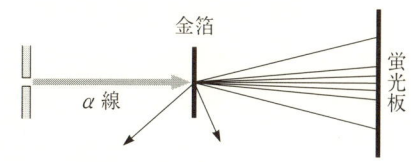

図21.1　金箔による粒子の散乱

うに大きい角度で散乱されるものがあった．10°以上曲がるものは10000個について1個くらいの割合であった．

1911年にラザフォード（Rutherford, イギリス）は，原子内では正の電荷が原子核とよばれる極めて小さい部分に集まっており，その周りを電子が回転しているという模型によって，上の現象を説明した．ラザフォード模型は太陽系に似ており，原子内の大部分が空である．ここを進むα粒子は電子に遭遇してもその質量が極めて大きいので，その方向がほとんど変らないが，たまたま原子核に遭遇すると，原子核は多くの正電荷をもち，質量も一般にα粒子より大きいので（金は約50倍），α粒子の進路が大きく曲げられる，という考えである．原子核とα粒子の間にクーロンの法則による電気力がはたらくと仮定して計算した理論の結果と，1913年にガイガー－マースデンが再び精密に測定した値とは極めてよく一致した．その上，原子核のもっている電気量が電気素量に元素の周期表上の位置を示す数字，すなわち**原子番号**を掛けた値に等しいこと，またこの実験でα粒子が原子核に最も近づいた距離が原子核の中心から10^{-14} mくらいであることも明らかになった．比較のため，気体運動論より得られた原子の半径は10^{-10} m程度であることも付け加えておく．

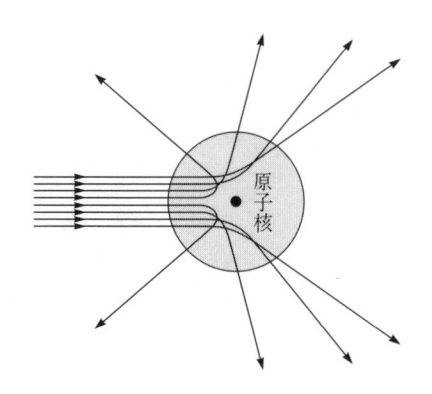

図21.2 原子核によるα粒子の散乱

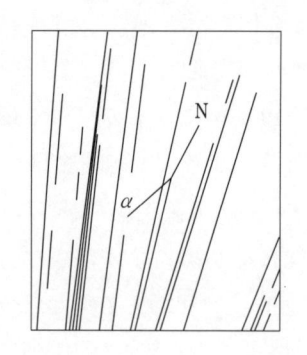

図21.3 ウィルソンの霧箱でのα粒子の飛跡

α粒子が原子核によって散乱されることは，気体中においても起こる．図21.3は，後に

図24.2に示す**ウィルソンの霧箱**という装置を用いて，窒素気体中のα粒子の進路を撮影した写真の模写である．図の中央付近でα粒子が窒素の原子核に衝突し，左下方に方向を変え，右上方に窒素の原子核が飛散しているのが見られる．

ラザフォードの模型によって原子の構造は完成されたかに見えたが，そこには重大な欠陥を含んでいた．最も簡単な水素原子を考えてみよう．電子は原子核との間にはたらくクーロン力によって，原子核の周りを楕円軌道を描いて回っている．これは，地球が太陽との間にはたらく万有引力によって公転しているのに似ている．しかし，両者の間には大きな違いがある．それは電子が電気をもっていることである．マクスウェルの電磁理論によれば，帯電体が加速度運動をするときにはエネルギーが放射される．エネルギーを失った電子の軌道は小さくなり，らせん運動をして，ついには原子核にくっついてしまうであろう．計算によれば，電子が原子核に落ち込むまでの時間は2×10^{-11}秒程度である．これは原子が極めて安定であるというわれわれの経験と一致しない．また周回運動の周期は次第に短くなるので，出てくる光の振動数も連続的に変化することになる．すなわち，水素原子の出す光は連続スペクトルになるはずである．ところが，実際には水素は線スペクトルを出し，それらの線の間には次項で述べるような明確な規則性が見られるのである（長岡模型も同様な欠陥を含んでいた）．

21.2 スペクトル系列

水素ガスを入れた放電管の発する光を分光すると，可視部に4本の線が見える．波長の長い方から（赤色から紫色の方へ）Hα，Hβ，Hγ，…と名付けられている．1885年にバルマー（Balmer，スイス）はこれらの光の波長を次の一般式で書き表した．

$$\lambda = k \frac{n^2}{n^2 - 4} \quad (n = 3, 4, 5, \cdots)$$

現在では，紫外部にまでわたって数十本の線が観測されている．そして，バルマーの式は次の形に書きかえられている．

$$\omega = R\left(\frac{1}{2^2} - \frac{1}{n^2}\right) \quad (n = 3, 4, 5, \cdots)$$

ここで，ω は $1/\lambda$ に等しく，**波数**という．また R は

$$R = 1.0968 \times 10^7 \, \text{m}^{-1}$$

で，**リュードベリ定数**（Rydberg，スウェーデン）とよばれる．

整数 n を変えることによって，たくさんのスペクトル線を非常に精確に表すことができる．これらの線の系列をバルマー系列という．水素のスペクトルには，このほか 4 つの系列が知られている．それぞれの系列はまとめて，一般式

$$\omega = R\left(\frac{1}{m^2} - \frac{1}{n^2}\right) \quad (m = 1, 2, 3, \cdots, \ n \text{ は整数}) \tag{21.1}$$

の形で表される．ただし $m < n$ である．R/m^2, R/n^2 等を**スペクトル項**という．

水素以外の元素のスペクトルも (21.1) に類似の形で表される．ただし，このときは m, n はもはや整数ではない．一般に，

"スペクトル線の波数はスペクトル項の差によって表される．"

これを**リッツの組合せの法則**（Ritz，スイス，1908）という．

21.3　ボーアの理論とパウリの原理

(21.1) の両辺にプランクの定数と光速の積 hc を掛けると，(20.6) との関連で

$$E = h\nu = hc\omega$$
$$= \frac{hcR}{m^2} - \frac{hcR}{n^2}$$
$$= \left(-\frac{hcR}{n^2}\right) - \left(-\frac{hcR}{m^2}\right)$$

21.3 ボーアの理論とパウリの原理

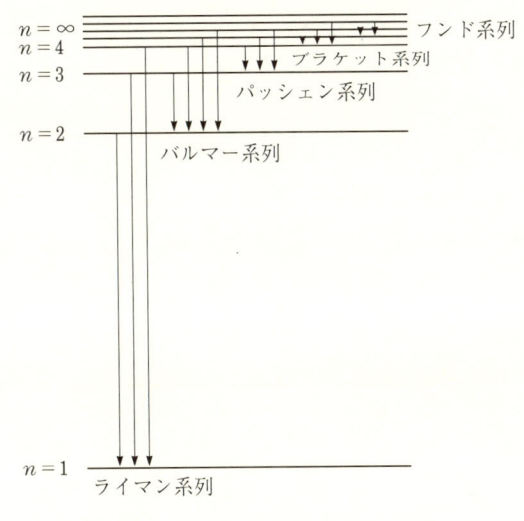

図21.4 エネルギー準位と電子の遷移

となる．この式の左辺は光子のエネルギーである．そこで，ボーア（Bohr, デンマーク，1913）に従って，水素原子の中には $-hcR/n^2$ $(n=1, 2, \cdots)$ で示されるエネルギー状態があって，この間を電子がエネルギーの高い状態から低い状態に移動したときに起こるエネルギー変化が光子，すなわち光となって放出されると考えられる．この原子内のエネルギー状態を**エネルギー準位**といい，その間の電子の移り変わりを**遷移**という．図21.4は水素原子のエネルギー準位とその間の遷移を示している．

さて，水素原子のエネルギー準位はどのようにして決められるのであろうか．ボーアは電子は特定の円軌道上を回っていて，その運動中はエネルギー（光）を放出しないと仮定した．その特定の軌道は，いわゆる**量子条件**によって決められる．量子条件とは，電子の運動量を p，軌道の半径を r，n を整数とすれば，

$$rp = \frac{h}{2\pi} n \tag{21.2}$$

という関係である．電子と原子核との間にはたらくクーロン力による電子の軌道の中から，量子条件に合うものだけを選び出すのである．n を**主量子数**という．

　ボーアの理論は水素のスペクトルを良く説明し得たので，多くの人々がその模型をさらに精緻にし，他の原子にも適用していった．1916年にゾンマーフェルト（Sommerfeld, ドイツ）が楕円軌道をとり入れ，1925年にはウーレンベック（Uhlenbeck, オランダ・アメリカ）とゴードシュミット（Goudsmit, オランダ・アメリカ）が**電子スピン**の仮定をとり入れた．電子のスピンとは，電子が模型的にはコマのように自転しているという考えで，そのため電子は固有の角運動量をもつということになる．その大きさは，

$$s = \frac{1}{2}\frac{h}{2\pi} \tag{21.3}$$

である．

　原子核は原子番号に等しい正の電荷をもっており，中性原子では，電子は原子番号に等しい数がその周りを回転している．ところで，定常状態ではいくつの電子が同じ軌道に同じ状態であるのだろうか．また，原子はエネルギーの小さい状態ほど安定なので，すべての電子が一番内側の軌道上にあってよいのだろうか．これらのことについて，1925年にパウリ（Pauli, スイス）は次のように制限をもうけた．

　　　"原子内の1つの軌道上には，3個以上の電子（スピンについてはこの場合考えに入れていない）が同時に存在することは許されない．1つの軌道上に2つの電子があるときには，スピンは互いに逆向きでなければならない．"

これを**パウリの排他原理**という．エネルギーの小さい定常状態から順次，電子が詰まっていくのである．

　このようにして求められた電子配列は原子の化学的性質をよく表すことができる．図21.5は電子配列をできるだけ簡略に表した図である．同一の円

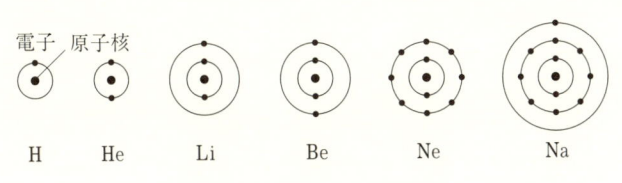

図 21.5 各種原子の電子配置

上の電子はエネルギーの差が極めて小さいので,ここでは同じ軌道上にまとめて描かれている.これらの電子群を**電子殻**といい,内部から順次,K 殻,L 殻,M 殻,… などとよぶ.

21.4 量子力学へ

ボーアの理論は定常状態によって原子の安定性を保持したが,これは電磁理論との矛盾を根本的に解決したものではない.さらに,光の強度の問題については,全く触れることができなかったといってよい.そこでボーアは,光の強度や偏光の問題は古典論と量子論の対応を考えながら結果を導こうとした.この考えはハイゼンベルク (Heisenberg, ドイツ, 1925) によって引き継がれ,**行列力学(マトリックス力学)**へと発展した.

一方,ド・ブローイによれば,(20.6) のように電子は物質波をともなっているので,電子が原子内で定常状態をもつということは,物質波が定常波を作っている場合ではないだろうかと考えた.電子の質量を m,速度を v とすれば,物質波の波長は (20.7) より

$$\lambda = \frac{h}{p} = \frac{h}{mv} \quad (21.4)$$

である.図 21.6 のように半径 r の円周上に定常波ができるときには,次の関係があるはずである.

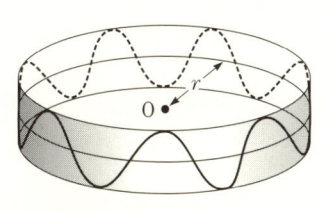

$$n\lambda = 2\pi r \quad (21.5)$$

図 21.6 円周上の定常波モデル

よって，(21.4) と (21.5) より，

$$mvr = \frac{h}{2\pi} n$$

が得られ，これは先の量子条件 (21.2) と一致している．

ド・ブローイの物質波の考えは，1926年にシュレーディンガー (Schrödinger, オーストリア) によって**波動力学**にまで成長した．波動力学によれば，物質波は粒子の存在確率を与えるのである．

マトリックス力学と波動力学とはやがて統一されて，**量子力学**として完成された．

考えてみよう

[1] 水素のスペクトルのパッシェン系列というのは (21.1) の $m = 3$ の場合である．この系列のうち最も長い波長はいくらか．

[2] 水素原子の電子について，次の問に答えよ．
 (a) 水素原子の主量子数 $n = 1$ のエネルギー準位の値を計算せよ．
 (b) ボーアの理論によると，この場合の電子の軌道運動の速さはいくらか．

22 分子と結晶

前章で明らかにした原子構造に基づき，原子間の結合について考えてみよう．始めに気体分子について，次に結晶について考える．固体には，ガラス，陶磁器，木，合成樹脂などがあるが，それらについては触れない．また，液体についても，ここでは述べない．

22.1 気体の分子

始めに，塩化水素について考えてみよう．塩素の原子番号は 17 であって，電子は図 22.1 のような配置をとる．原子番号 18 の原子はアルゴンで，アルゴンは不活性である．塩素は他から電子を 1 個得て，アルゴンと同じように M 殻を満たした状態になろうとする．もし，電子を 1 個得れば，原子全体としては負の電荷が多くなり，塩素は負イオンとなる．一方，水素原子は，K 殻にある電子を 1 個失って容易に水素の正イオンとなる．こうしてできた塩素イオンと水素イオンとが電気力によって結合する．このような結合を**異極結合**または**イオン結合**という．

ところで，窒素分子や酸素分子の場合は異極結合としては説明されない．たとえば，酸素原子では L 殻で電子が 2 個不足しているのでこれを満たしたいが，相手の原子も同じように 2 個欲しがっている．この両方の希望を満

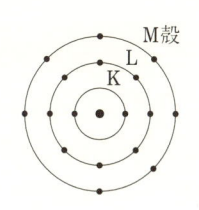

図 22.1 塩素原子の電子配置

たすには，次の方法をとればよいであろう．まず，一方の酸素原子が2個の電子を貸し，もう一方の酸素原子が2個の原子を借りる．このような貸し借りを絶えずくり返すのである．このように電子を交換することによって力を生じることは，量子力学によって初めて

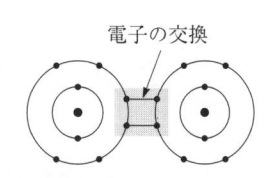

図22.2 酸素分子の電子の対

導かれた結果である．静的には，図22.2のように電子が2個対になって，2つの原子の中間に位置していると考えられる．このような結合を**等極結合**または**共有結合**という．

一般の結合は，異極結合と等極結合の中間の性質をもっている．分子を構成している原子の原子核は互いに複雑な振動を行い，また一体となって重心の周りに回転している．電子の運動も原子核の振動も，また回転も，量子条件に適合するものだけが許されるのである．これらのことは分子のスペクトルを分析することによって調べられる．

22.2 結晶解析

X線の波長の精密測定は，1925年にコンプトン（Compton）とドーアン（Doan）によって，非常に密に線を引いて作った**回折格子**を用いて行われた．結晶では次に述べるブラッグ（Bragg父子，イギリス，1912）の方法を用いると原子面間の距離を比較的容易に求めることができる．

結晶で原子の配置している平面を**原子面**または**格子面**という．いま，図22.3においてX線が原子面 XX′，YY′

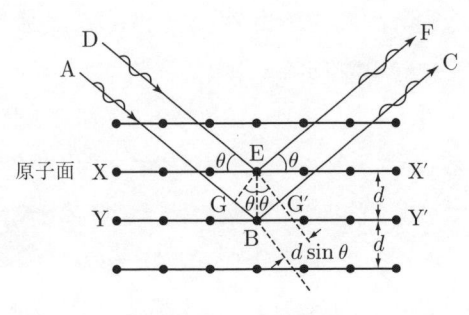

図22.3 ブラッグ反射

で反射し，EF，BC の方向に進むとする．ABC と進んだ X 線は DEF と進んだ X 線より GB + BG′ だけ長い経路を通ることになる．原子面の間隔を d とすれば，次式が成り立つ．

$$GB + BG' = 2d \sin \theta$$

もし GB + BG′ の距離が X 線の波長 λ の整数倍であれば，各原子面で反射した X 線の位相は等しいと考えられるので，各 X 線の位相は重なり合い，強さは極大となる．

$$2d \sin \theta = n\lambda \quad (n = 1, 2, 3, \cdots) \qquad (22.1)$$

これを**ブラッグの条件**という．一定の波長の X 線を用い，結晶を回転して原子面に対する X 線の入射角 θ（この角度は反射角に等しく，散乱角の半分である）を変化させてゆけば，上の関係から d を求めることができる．そして，結晶中の原子の配置，すなわち結晶構造を決定することができる．また逆に，原子面の間隔 d がわかっている結晶を用いて，X 線の波長を測ることができる．

X 線管から出る X 線のスペクトルは連続スペクトルと線スペクトルが重なっている．線スペクトルは陰極線（電子）が衝突する陽極（対陰極）の元素によって決まる．

粉末や金属箔などは極めて小さい結晶の集合体で，それらの結晶，したがって原子面はいろいろの方向を向いている．図 22.4 のように，これに単色の X 線，すなわち一定波長の X 線を当てると，X 線は結晶により回折され，同心円より成る回折像が得られる．この方法を**デバイ - シェラーの方法**（Debye, オランダ，Scherrer, アメリカ，1916)

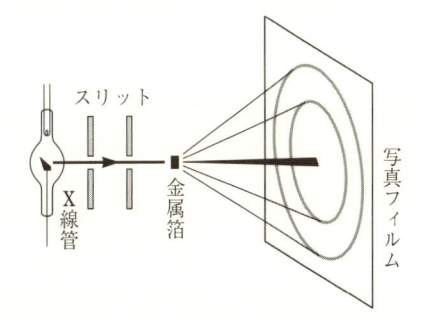

図 22.4 デバイ - シェラーの回折写真撮影法

という．

結晶による回折は電子線や中性子線によっても起こる．そこで，結晶解析にはX線のほか，電子線や中性子線も用いられる．電子線は金属表面や微小部分などを調べるのに適しており，中性子線は電子のスピンの違いなどを調べるのに適している．

図22.5はX線等の回折現象より求めた結晶格子の例である．

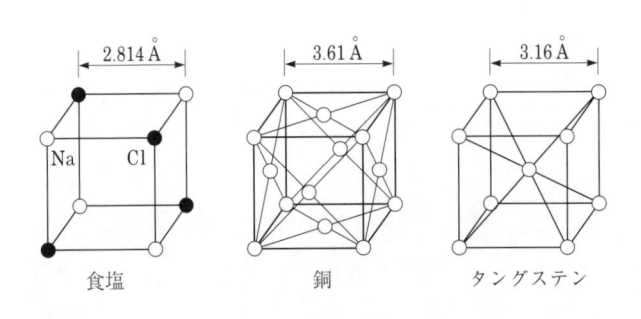

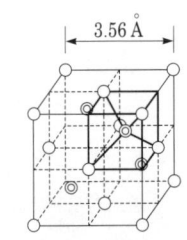

食塩　2.814Å　Na Cl

銅　3.61Å

タングステン　3.16Å

ダイヤモンド　3.56Å
◎○ともに炭素原子
◎は大きい立方体の内部にある

図22.5 立方晶の単位格子をもつ種々の結晶の格子

22.3　結合力

結晶は熱的，化学的，また電気的性質などから概観して，金属，イオン結晶，等極結合結晶，分子結晶の4つの型に大別される．これらの性質の相違は原子核をとりまく電子配置と深い関係がある．

金属　付表2の周期表の左上半ばから右下に斜線を引くと，その下側の元素がほぼこれに属する．ⅠとⅡ族の原子は最外部に1個または2個の電子しかもっていないので，これを失いやすい．また，族が進むと最外殻にある電子の数が増加して安定に近づくが，一方，原子番号が大きくなると最外殻の電子は中心から遠くなるので，電子にはたらく力が小さくなって自由電子を生じやすくなる．この自由電子があるために，金属は電気および熱の良導

体であり，光を良く反射し，不透明で金属光沢をもつ．また陽イオン間の斥力によって互いに飛散しようとするのを自由電子が妨げている状態なので，金属の結合力は比較的弱い．したがって，融点（融解する温度）は低い．展性や延性に富み容易に変形ができるのもこのことによる．

イオン結晶　I族とⅦ族またはⅥ族元素間の化合物およびⅡ族とⅦ族元素間の化合物の多くがこれに属する．これらは正，負のイオンにはたらく静電気力によって結合している．自由電子がないので，電気，熱の不導体であり，光を良く透過する．また結合力が極めて大きく，融点が高い．高温度では，わずかに電導性をもってくる（イオン半導体）．また，へき開性（一定の方向に割れやすい性質）や可塑性（力を除いた後も変形前の形にもどらない性質）がある．これは電子がイオンの電子殻内におさまっていて，図22.6のようにイオン間に何もないためであると考えられる．

金属　　　イオン結晶　　等極結合結晶　　分子結晶
・自由電子　　　　　　　・電子

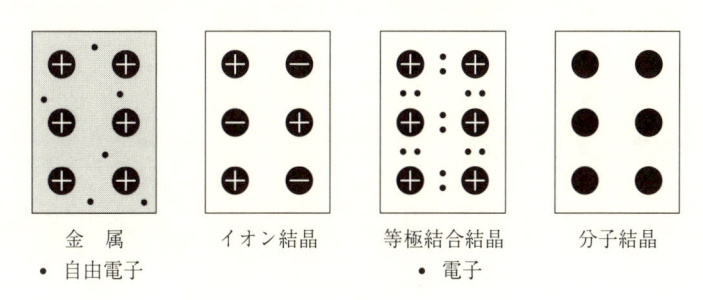

図 22.6　結晶中の原子の結合の種類

等極結合結晶　Ⅳ族の元素，Ⅲ族とⅤ族元素との化合物およびⅡ族とⅥ族元素との化合物等がこれに属する．等極結合によって結晶中の原子が結合していると，イオン結晶と同じように電気，熱の不導体で，融点が高い．しかし，へき開性や可塑性がない．これは電子が電子殻内になく，対をなしてイオンの中間付近にあり，四方からイオンを連結しているからである．ところで，この電子はわずかなエネルギーで自由になりやすい．そのため，この

種の結晶の中には赤外線をよく吸収したり，比較的低い温度で電導性を示すものがある（**電子性半導体**）．

分子結晶　　0族，Ⅶ族の元素および O_2, N_2, CO_2 等がこれに属する．分子または原子内の電気が近くの分子または原子の影響で分極を起こし，それらの間にはたらく力，すなわち**ファン・デル・ワールス力**（van der Waals力）によって結合している．その結合力は弱い．結晶は柔らかく，融点は非常に低い．

22.4　格子欠陥

実際の結晶はすべての原子が完全に規則正しく並んだ理想的な結晶ではなく，所々に原子配列に乱れがある．図22.7に示した原子は紙面に垂直方向にも等間隔で配列した結晶をつくっているとする．(b) では，上下の結合している部分で点線の上の方の格子面が下の結晶に対し1面多くなっている．

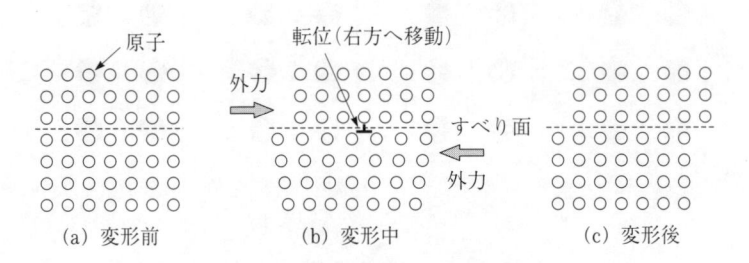

(a) 変形前　　　　(b) 変形中　　　　(c) 変形後

図 22.7　結晶の塑性変形と転位の移動

⊥は図の中で**転位**が存在する場所を示している．転位の近くでは特に原子の配列が乱れている．転位のある結晶が外力を受けると，図のように転位が移動することにより比較的簡単に結晶が上下間でずれるので，容易に塑性変形する．

また結晶には，図22.8 (a) および (b) に点線の丸印で示したような空の格子点がある．この**空格子**は**原子空孔**ともいわれる．温度が上がると原子

空孔は多くなり，結晶内を容易に移動する．粒子線を結晶に照射すると（a）のように一対の原子空孔と格子間原子が形成される．原子が格子点外に出た**格子間原子**もまた格子点にある原子よりはるかに移動しやすい．イオン結晶が高温度で電導性をもつことは結晶中のイオンの移動（拡散）により説明される．

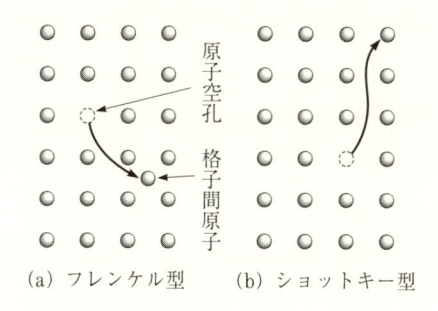

(a) フレンケル型　　(b) ショットキー型

図22.8　原子空孔と格子間原子

結晶内に不純物として異種の原子が含まれることがある．図22.9はゲルマニウム（Ge）あるいはシリコン（Si）などに，極くわずかのひ素（As）やアルミニウム（Al）等を混ぜた状態を示す．GeやSiはダイヤモンドと同じ結晶形で4個の外殻電子をもっている．これらの4個の原子はとなり合う4つの原子との間で図のようにそれぞれ1つずつ電子を出し合って等極結合しており，この電子はなかなか分離できない．これに，たとえば（a）のようにAsを入れると，Asは5個の外殻電子をもつために，1個の電子だけはAsと弱い結合をすることとなる．しかも，各原子は振動しているので，電子の

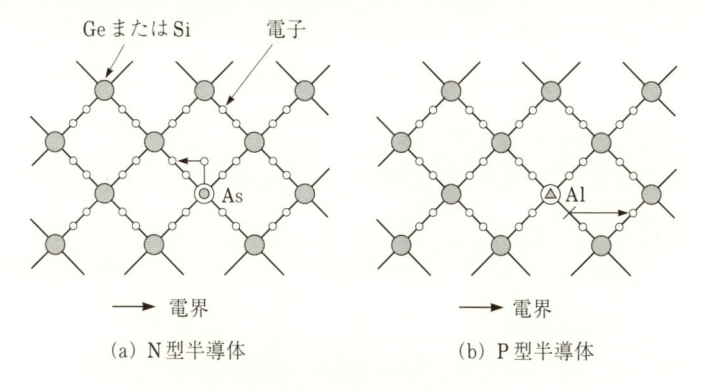

(a) N型半導体　　(b) P型半導体

図22.9　不純物半導体

結合は切れて自由電子のようになり,電界がはたらけば電流を生じる.また(b)のように,Asの代りにAlを混ぜれば,最外殻電子は3個であるから電子が1個不足し,そこに,いわゆる**正孔**といわれる電子の穴ができる.電界がはたらくと,等極結合をしている近くの電子をうばって電子の不足しているところ(正孔)をうめる.このため,電子の穴,すなわち正孔は電界の方向に移動することになり,電流が流れる.以上のような物質を**不純物半導体**という.図22.9 (a)に示した,すなわち5個の外殻電子をもつ不純物を少量入れて作った不純物半導体の場合を**N型半導体**,(b)に示した,すなわち3個の外殻電子をもつ不純物を少量入れて作った半導体の場合を**P型半導体**という.

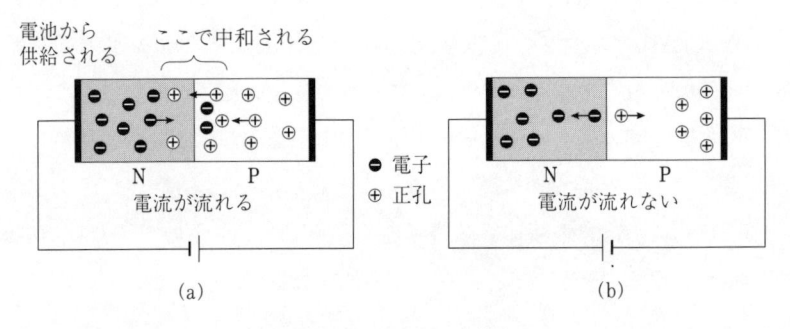

図 22.10 ダイオード接合

N型とP型の2つの半導体を図22.10のようにつないで両端に電圧をかけると,(a)の場合は電流がよく流れるが,(b)の場合はほとんど流れない.これに交流電源をつなげば,整流器としてはたらく.このように接合したものを**ダイオード**という.

2個のN型半導体の間にP型半導体を接合,またはP型半導体の間にN型を接合したものを**トランジスター**という.図22.11において,(a)のように接続しても,電子はベースを越えることができないので,電流はほとんど流れない.しかし,(b)のようにベースとエミッター間にも電圧を加え

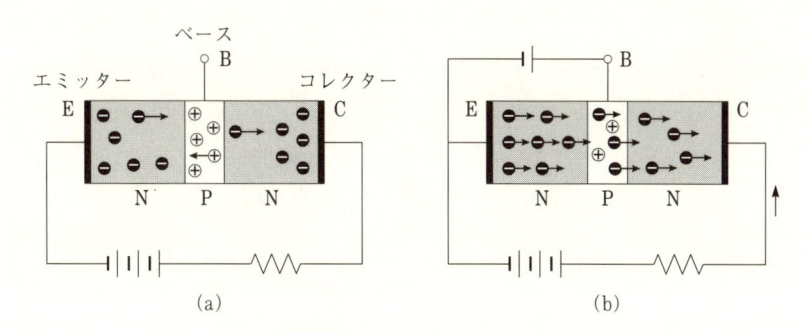

図 22.11 トランジスター

ると，ベースへ電子が流れ込む．ところで，ベースは数十 μm と非常に薄いので，電子の大部分はこれを越えてコレクターに入り，コレクター電流が流れるようになる．ベースにかける電圧がわずかに変化すると，R の両端に大きい電位差を生じるので，電力を増幅するのに用いられる．

考えてみよう

[1] パラジウムから出る X 線を岩塩（食塩）の結晶に当てたところ，散乱する X 線のピークのうち，最小の散乱角は 24° であった．当てた X 線の波長を求めよ．ただし，$\sin 12° = 0.208$ であるとする．

23 原 子 核

ここでは，原子核について次のようなことを調べることにしよう．
① 原子核は，質量，大きさ，スピン等を含め，一般的にどんな性質をもっているか．
② 原子核のさらに内部を探るにはどんな手段があるか．
③ 原子核を構成しているものは何か．また，それらは何によって結合されているか．

23.1 一般的性質

先に，ほとんどすべての元素に同位元素のあることを知った．実験から直接得られるものはイオンの質量であるが，電子の質量は極めて小さいので，近似的にはイオンの質量をそのまま原子核の質量と考えてよい．19.3項において説明したように，化学的性質の同じ同種の元素でも質量の異なる元素，すなわち同位元素の混ざった混合体である．同位元素に分離した元素の原子量はそれぞれが極めて整数に近い値を示す．この原子量に近い整数をその原子核の**質量数**という．

一般に，**原子核**は質量数と原子番号とによってはっきり区別される．そこで，原子核または原子を表すには，原子記号の左上（ときには右上）に質量数を，左下に原子番号を書き添える．たとえば，$^{16}_{8}O$, $^{17}_{8}O$, $^{14}_{7}N$ 等と書く．

いろいろな方法によって原子核の大きさが測定されているが，核の半径

R は質量数を A とするとき，

$$R = r_0 A^{1/3} \qquad (23.1)$$

で表される．r_0 は測定方法によって多少異なり，1.1×10^{-15} m から 1.5×10^{-15} m くらいまでの値をとる．(23.1) の関係が成り立つことは，核の体積が A に比例していること，したがって，核の密度がすべての元素についてほぼ一定であることを意味している．原子核は原子の場合に比べて，非常にはっきりした境界面をもっていると考えられる．

原子核はスピンをもっている．核は正の電荷をもっており，自転しているので，軸の方向に置かれた棒磁石のような性質，すなわち磁気モーメントをもっている．パウリはこのような仮定によって，スペクトル線の超微細構造を説明した．

1本に見えるスペクトル線も，詳細に観測すると，数本の線から成り立っていることがわかる．その分離が電子のスピンの影響によると考えられる部分を微細構造，原子核のスピンの影響によると考えられる部分を超微細構造という．今日では，核のスピンの測定には核磁気共鳴法（1946）が広く用いられている．

核スピンと質量数の間には次のような極めて明快な関係がある．

"質量数が偶数の核のスピンは，$h/2\pi$ 単位で計って，整数であり，質量数が奇数の核のスピンは半整数，すなわち整数 $+ 1/2$ である．"

また，

"質量数と原子番号がいずれも偶数の核のスピンと磁気モーメントは共にゼロである．"

23.2 放射能

1896 年にベクレル（Becquerel，フランス）は偶然のことから，ウランの化合物から X 線に似た放射線が出ていることを発見した．物質が放射線を

出す能力を**放射能**という．ベクレルの発見に刺激されて，この方面の研究が急速に進められた．シュミット（Schmidt，ドイツ）とキュリー（Curie，ポーランド，結婚してフランス人となる）は1898年同時に，トリウムおよびその化合物の放射能を認めた．また，翌年キュリーは，放射能の極めて強い新元素ラジウムを発見した．現在では，約40種の**放射性元素**が天然に存在していることが知られている．

強い放射能をもつ元素の発見は放射線の分析を容易にした．いま，小さい容器にラジウム塩を入れて，図23.1のように，紙面前方から後方に向かう磁界を与えると，放射線は3つの部分に分かれる．そして，わずかに左に曲がるものを**α線**，強く右に曲がるものを**β線**，曲がらずに直進するものを**γ線**と名付けた．曲がる方向や，比電荷，透過度の測定から，これらの放射線はそれぞれ次のものであることが明らかになった．

α線：ヘリウムの原子核．水素の原子核の約4倍の質量と2倍の電気量をもつ．

β線：電子

γ線：電磁波．X線より波長がずっと短い．

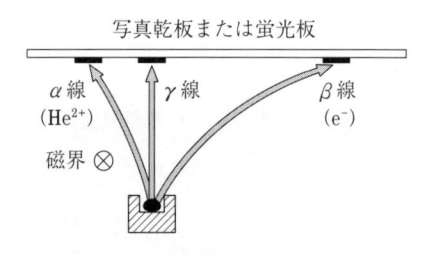

図23.1 磁界による放射線の分離

元素の放射能はその元素がどんな化合物を作っているかには関係しない．また，一般の化学反応では温度を10℃上げると反応速度が約2倍になるが，放射能は温度にも全く無関係である．これらのことから，元素の放射能は通常の化学反応とは全く異なる現象であると考えられた．たゆみない多くの化学分析の結果，元素は放射線を出すことによって全く別の元素に変ってしまうことが明らかになった．ラザフォード-ソディー（Rutherford-Soddy）の**原子崩壊説**が出たのが1902年である．

23.2 放射能

原子崩壊の速度は非常に簡単な法則に従う．最初にあった原子数を N_0，t 秒後の原子の数を N_t とすると，

$$N_t = N_0 e^{-\lambda t} \tag{23.2}$$

となり，図23.2のように表される．λ はそれぞれの放射性元素に特有の定数で，**減衰率**といわれる．また，減衰の速さを原子数が半減するまでの時間で表すこともある．この時間を**半減期**という．ラジウムの半減期は1600年で，ラジウムから α 粒子が放出されて生じるラドンの半減期は3.8日である．

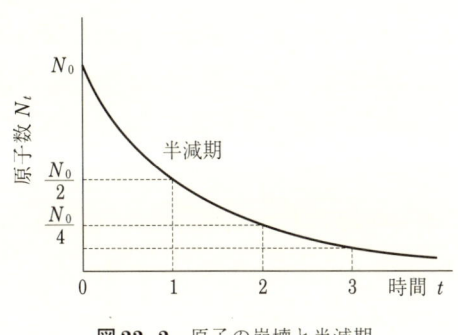

図 23.2 原子の崩壊と半減期

α 線のエネルギーと β 線のエネルギーとの間には著しい相違が認められる．1つの元素から出る α 線のエネルギーはほぼ一定であるが，β 線のエネルギーはゼロからある最大値の間に連続的に分布している．したがって，α 崩壊の場合にはエネルギー保存の法則が成り立つが，β 崩壊の場合はエネルギー保存の法則が成り立たないようにみえる．このことは，一時物理学界にとって非常に深刻な問題であった．原子核のような極微の世界においては，本当にエネルギー保存の法則が成り立たないのであろうか．これに対して，パウリ (1931) は次のような仮説を出した．β 崩壊のときは，電子と共に**中性微子（ニュートリノ）**が放出される．ところで，中性微子は電気的に中性であり，質量が極めて小さいので，物質を自由に透過してしまって普通の観測器にはかからない．しかし，電子のエネルギーと中性微子のもち去るエネルギーを加えれば，エネルギーは一定となるはずである，というのである．ニュートリノの存在が実験的に確認されたのは1953年である．

23.3 核の構成要素

　放射性元素の崩壊を通して原子核の一部をのぞき見することができたが，さらに内部をくわしく調べるには，われわれの力でこれを崩壊させるしかない．それには，適当な粒子を原子核に打ちつけてやればよいであろう．1919年にラザフォードは，窒素に α 線を当てると 10^6 個について1個くらいの割合で**陽子**（水素の原子核）が放出されることを発見した．また1932年にコッククロフト（Cockcroft，イギリス）とウォルトン（Walton，アイルランド）は80万Vで加速した陽子をリチウムに当てて，その核が2個の α 粒子に分かれることを観測した．さらに，同じ年チャドウイック（Chadwick，イギリス）は，ベリリウムに α 線を当てると，陽子とほぼ同じ質量で電気をもたない粒子が放出されることを確認し，これを**中性子**（ニュートロン）と名付けた．中性子は電気をもたないため，原子核に容易に近づくことができ，核反応を起こしやすい．核反応の結果，得られる核には，ときに不安定なものがある．このような核は入射粒子による衝撃をやめたあとも，しばらく放射線を出す．この不安定な元素を**人工放射性元素**という．人工放射性元素には，**陽電子**を放出するものが多い．陽電子は質量が電子に等しく，正の電気素量をもつ粒子である．

　さて，原子核の自然崩壊と人工崩壊とから，原子核から放出される粒子には α 粒子，陽子，中性子，電子，陽電子，ニュートリノ，γ 線があることがわかった．原子核はこれらの粒子の中のどれから構成されているのであろうか．原子核から放出されるすべての粒子が原子核の構成要素であるということにはならない．それは原子の場合を想起してみればよい．原子は原子核と電子からできているが，しばしば電子以外の光子を放出する．光子は電子の状態変化にともなって発生するのである．原子核の場合も，固有の構成要素とよべる粒子と状態変化によって生じる粒子を区別し得るであろう．まず，α 粒子であるが，その質量と電荷から他の粒子から組み立てられていると想

像されるので，除外してよいであろう．20世紀の初頭では，陽子と電子とが構成要素であると考えられていた．この説は非常に簡明のように思われたが，原子核の質量数とスピンとの関係を導くときに困難に遭遇した．中性子が発見されて，原子核の構成要素として陽子と中性子が選ばれるようになった．この陽子と中性子とを一括して**核子**という．陽子間には電気的斥力がはたらくが，これよりもずっと大きい力が核子の間にははたらいていると考えられる．これを**核力**という．原子の場合，原子核と電子の間の電場から光子が作り出されたように，原子核内の電場からは光子（γ線）が，核力の場からは電子，陽電子，ニュートリノが放出されるという類推が成り立つようである．しかし，あとでわかるように，核力の場とこれにともなう粒子の関係は，電場と光子の関係のようにそう簡単ではない．

　先にも述べたように，陽子と中性子の質量はほとんど等しく，陽子は水素の原子核でもある．よって，原子核の質量数は陽子と中性子の和を表し，原子番号は陽子の数を表すことになる．核反応の際には，質量数の和と原子番号の和は共に反応の前後では変化しない．質量数の小さい核では陽子と中性子とはほぼ同数であるが，質量数が大きくなると中性子が多くなってくる．これらの粒子が核内にどのように分布しているかについては，まだまだわからないことがたくさんある．

23.4　結合エネルギー

　原子核の質量はそれを構成している陽子と中性子の質量の総和よりわずかに小さい．この差を**質量欠損**という．粒子が原子核を形作るのは，それらがばらばらでいるよりも原子核を形作った方がエネルギーが少ないからである．原子核をばらばらにしてしまうには，外からエネルギーを与えてやらなければならない．原子核を核子に分離するのに必要なエネルギーを**結合エネルギー**という．相対論による質量とエネルギーとの同等性によれば，質量欠損の大きい核ほど，結合エネルギーが大きいことになる．質量欠損を Δm とし，

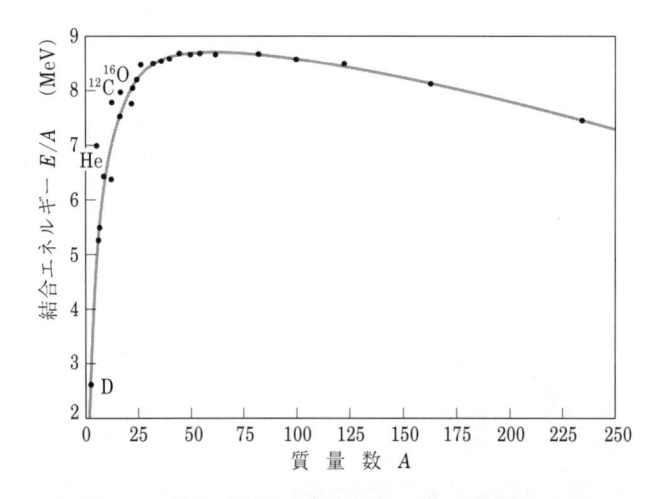

図 23.3 核子1個当りの結合エネルギーと質量数の関係

c を光速とすると,結合エネルギー E は

$$E = \Delta m c^2$$

である.

　図 23.3 は核子1個当りの結合エネルギー E/A と質量数 A との関係を示している.質量数が 20 以上になると,質量数に関係なくエネルギーは約 8 MeV(メガエレクトロンボルト,$1\,\mathrm{MeV} = 10^6\,\mathrm{eV} = 1.6 \times 10^{-13}\,\mathrm{J}$)くらいの値をとる.このことは,核力が化学的結合のように飽和性をもっていることを示している.また,質量数の大きい重い元素では,質量数が大きくなるに連れて E/A がわずかに減少するのは,陽子間の電気的斥力が結合を弱めているためであると考えられる.

　質量数が極度に大きくなると,1個の核があまり大きさの変らない2個の核に分裂した方がエネルギーを放出し得るようになる.1938年,このような**核分裂**は実際に $^{235}_{92}\mathrm{U}$ についてハーン(Hahn,ドイツ)とシュトラスマン(Strassmann)によって観測された.このような反応によって取り出されるエネルギーは,現在 原子炉や原子爆弾として使用されている.

次に，質量数の小さい方を見てみよう．質量数が増すと E/A が増加している．特に，$^4_2$He では著しく増している．2個の重陽子（陽子1個，中性子1個）が結合して $^4_2$He を作ると，約 20 MeV のエネルギーを放出する計算となる．質量数の小さい核から質量数の大きい核を作る反応を**核融合**という．核融合は水素爆弾として使用されている．太陽エネルギーの根元は核融合反応であると考えられている．しかし，われわれは自分たちの手で核融合反応を制御し連続的にエネルギーを取り出す方法をまだ手にしていない．

考えてみよう

[1] 人工的に作られた放射性元素にコバルト60がある．コバルト60の半減期は5.3年である．質量が始めの1/8に減るまでには何年かかるか．

[2] ヘリウムの原子核は陽子2個と中性子2個とからできており，その質量は 4.00388（原子量単位）である．陽子の質量は 1.00759（原子量単位），中性子の質量は 1.00898（原子量単位）である．
(a) 質量欠損を求めよ．
(b) 結合エネルギーは何Jか．ただし，1原子量単位は 1.660×10^{-27} kg である．

24 素 粒 子

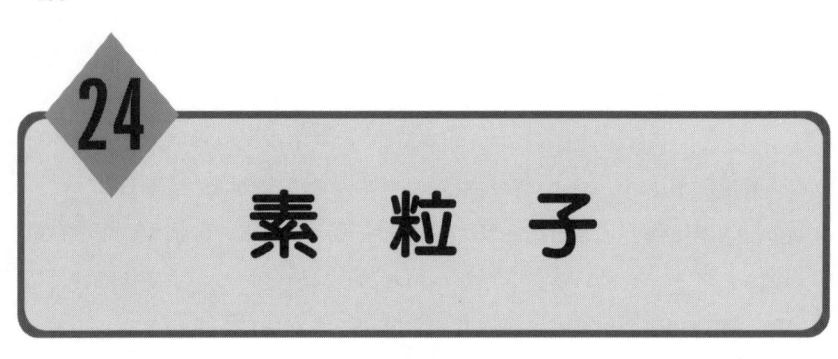

物質は原子から成り，原子は原子核と電子とから成る．そして，原子核は陽子と中性子とから構成されていることを知った．陽子，中性子，電子等は物質を構成する基礎的粒子という意味から**素粒子**とよぶようになった．素粒子の存在はどのようにして確かめられるのであろうか．素粒子にはどんな種類があり，また，それらはどのような特性をもっているのであろうか．

24.1 素粒子の検出装置

電荷をもっている素粒子が物質中を進むときには，物質中の原子と衝突してたくさんのイオンを生じる．発生するイオンを利用することによって，素粒子の通過を音として聞き，またその足跡を写真にして見ることができる．音として聞く装置の代表に**ガイガー‐ミュラー計数管**（Geiger‐Muller，ドイツ，1928）がある．図 24.1 はその略図である．A は直径 1〜5 cm，長

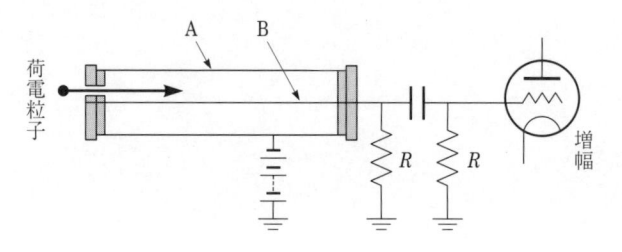

図 24.1 ガイガー-ミュラー計数管

さ 5～30 cm の金属円筒であり，B はその中心線に沿って張られた直径 0.1～0.5 mm の針金である．A と B との間に 1000 V 前後の高電圧をかけておく．荷電粒子が通過して気体分子と衝突しイオンが生じると，それらは B の付近の強い電界のために加速され，気体分子にさらに衝突して，なだれ式にたくさんのイオンを生じ，瞬間的に大きい放電電流が流れる．このとき，高抵抗 R に生じる電圧変化を増幅して計数回路に入れ，記録させたり，またスピーカーを通して音を発生させたりする．

粒子の足跡を見る装置の一つに**ウィルソンの霧箱**（C. T. R. Wilson，イギリス，1911）がある．図 24.2 のように，板に黒色の布 P が張ってあり，これに水またはアルコールを浸しておくと，空間 A はこれらの蒸気で飽和する．圧縮ポンプによって空間 A および B を高圧にしておき，次にコック C を開いて断熱膨張させると，温度が急激に下がりアルコール蒸気は過飽和状態になる．このとき，窓 W から放射線が入りイオンを作れば，これが核となって水滴ができる．側面から光を入れて写真をとれば，黒い背景に白く粒子の足跡（飛跡という）が現れる．霧箱を強い磁界内ではたらかせると荷電粒子の飛跡は湾曲する．その曲がる方向と曲率半径から電荷の符号と粒子の運動量が求められる．

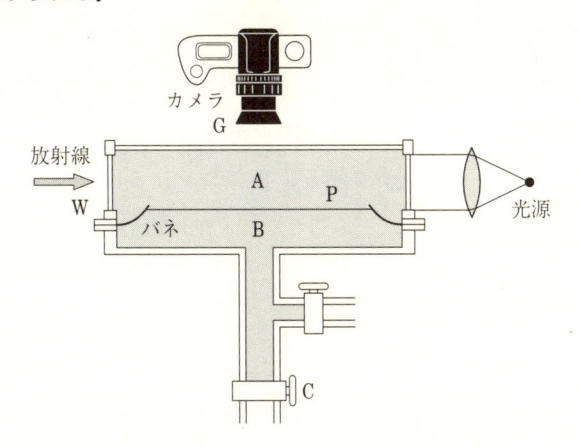

図 24.2 ウィルソンの霧箱

霧箱に類する方法に泡箱や原子核乾板などがある．泡箱では，沸騰点よりやや高い温度の液体（水素，ヘリウム，エーテル，プロパンなど）に外から圧力を加えて沸騰するのを防いでおく．外から圧力を急に取り除くと液体は不安定になり，その際イオンがあれば，それを核として泡立ち始めるので，飛跡を見ることができる．原子核乾板は，乳剤中の臭化銀の量をできるだけ多くし，膜を厚くした特殊な写真乾板である．

中性子や光子のような電気を帯びていない粒子は霧箱を用いても直接見ることはできないが，それらが物質の分子と衝突して生じる2次的粒子の飛跡から，間接的にわかる．

霧箱を用いると，ある現象が起こった位置を大体 1/10 mm 程度の正確さで判別することができる．これに反し，計数管ではイオン化は管全体にわたるので，管の大きさの程度の正確さしか得られない．ところが，時間的な判定では計数管がはるかに優れている．霧箱の作動時間はせいぜい 1/1500 秒程度であるのに，計数管では 1/100000 秒程度である．

24.2 宇宙線

地殻の中には放射性元素があるので，地表に近い所では放射線による電離が強く，上へ行くにつれて弱くなるだろうと考えられてきた．1911 年にヘス (Hess，オーストリア，後にアメリカ) は 5200 m の上空まで気球によって昇り，実験を行った．ところが，1000 m くらいまでは上へ行くほど電離が弱くなったが，さらに上昇すると，逆に高くなるほど強くなり，5000 m では地上の3倍にも達した．このことから，地球の外部から何等かの放射線が来ていると考えなければならなくなった．今日では，この放射線を**宇宙線**とよんでいる．

宇宙線は1次宇宙線と2次宇宙線とに分けられる．1次宇宙線の大半は陽子であるが，これらの粒子の起源については残念ながらよくわかっていない．大部分の1次宇宙線のエネルギーは $10^8 \sim 10^{10}$ eV であるが，なかには 10^{18}

eV を超えるものもある．

1次宇宙線は地球の大気中の原子核に衝突して2次宇宙線を作る．図24.3中に示したように，ガイガー‐ミュラー計数管（GM計数管）を3個並べ，3個の計数管を通過してきた粒子だけを記録し得るように同時放電回路を用いて結線しておく．計数管間に置かれた鉛板の厚さを変化させると，図のような曲線が得られる．図から，2次宇宙線は透過力によって2つの成分に分けられることがわかる．地上では，透過力の小さい，いわゆる軟成分の宇宙線は10 cmの鉛を透過すると強さは約2/3に減る．透過力の大きい硬成分の宇宙線は1mの鉛板を透過しても強さが約1/2に減るにすぎない．また，軟成分と硬成分の宇宙線は，厳密にいえば荷電粒子についてであるが，1対2の比で含まれている．

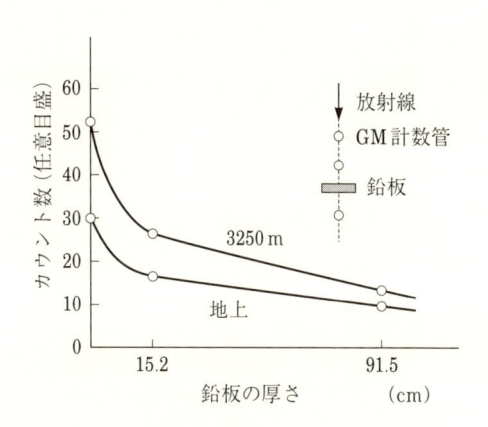

図24.3 同時放電回路における鉛の厚さ変化に対する計数の変化

1932年，アンダーソン（Anderson，アメリカ）は宇宙線中に陽電子が存在することを発見した．また，1936年にアンダーソンとネッダーマイヤー（Neddermeyer）は硬成分の宇宙線について研究し，数千枚の宇宙線写真を整理して，これらの粒子の大部分は電子と陽子との中間の質量をもつことを明らかにした．そして，この粒子を中間子と名付けた．これより前の1935年，湯川によって，核力は核子間で電子の約200倍の質量をもつ粒子を交換することによって生じるという理論が出されていた．湯川はこの粒子を重量子とよんだ．当時は，アンダーソンの中間子は湯川の重量子であろうと考えられていた．ところが，研究が進むにつれて，両者を同一視することには難

点が生じてきた．1942年に坂田と安川は中間子に2種類のものがあるという説を出した．このことは，1947年にパウエル（Powell，イギリス）らが原子核乾板を用いて行った実験によって確認された．そして，重い方を π 中間子，軽い方を μ 中間子とよぶようになった．アンダーソンの中間子が μ 中間子であり，湯川の重量子が π 中間子である．

π 中間子の発見によって，理論的に予想されていた素粒子がほとんど全部登場し，素粒子劇もやがてフィナーレと思われたが，自然はすでに続編を用意していた．これより先の1944年にドウダン（Daudin）は霧箱で撮った写真中にV字形の見慣れない飛跡を見つけた．同年，リプリンス，リンゲ（Lipprince, Ringe）とレリテール（L' heritier）は電子の900倍くらいの質量をもつ荷電粒子の存在を報告した．しかし，その報告は正確さを欠いていたため，一般にはほとんど注目されなかったが，1947年にロチェスター（Rochester）とバトラー（Butler）が2つのV字形の飛跡を発見した．そして，これらを中性粒子および荷電粒子の崩壊によるものと考えた．この報告によって，学会は色めき立った．高いところほど1次宇宙線が強く，新粒子の発生の確率が大きいと考えられるので，研究者たちは競って高山に登って勢力的に写真を撮りまくった．1950年になると，同様な飛跡がたくさん観測された．そして，1952年頃までには実験結果も整理されて，K中間子，ラムダ粒子，シグマ粒子，クサイ粒子等の存在が決定的になってきた．

24.3 素粒子の性質

新粒子の発見は巨大な加速器の建造を促した．やがて，コスモトロン（加速エネルギー 3×10^9 eV，アメリカ，1952）などと名付けられた加速器が運転を開始すると，それまで宇宙線中でのみ見られた新粒子が人工的に作られ，素粒子間の反応がくわしく調べられるようになった．

素粒子は電荷，質量，スピン等によって区別され，光子，軽粒子族，中間子族，重粒子族に分類される．表24.1には素粒子のうち，安定なものと比

表 24.1 安定な素粒子と比較的長寿命な素粒子

		記号 粒子 反粒子		電荷	スピン	質量	平均寿命(s)	崩壊形式
光子		γ	γ	0	1	0	安定	
軽粒子	ニュートリノ	ν	$\bar{\nu}$	0	½	0	安定	
	電子	e^-	e^+	∓ 1	½	1	安定	
	μ 中間子	μ^-	μ^+	∓ 1	½	207	2.2×10^{-6}	$e^- + \nu + \bar{\nu}$
中間子	π 中間子	π^0	π^0	0	0	264	0.8×10^{-16}	$\gamma + \gamma$
		π^+	π^-	± 1	0	273	2.6×10^{-8}	$\mu^+ + \nu$
	K 中間子	K^+	K^-	± 1	0	966	1.2×10^{-8}	$\mu^+ + \nu, \pi^+ + \pi^0$ 等
		K^0	$\bar{K}^0$	0	0	974	$\begin{cases} 0.9 \times 10^{-10} \\ 5.2 \times 10^{-8} \end{cases}$	$\pi^+ + \pi^-, \pi^0 + \pi^0$ 等 $e^\pm + \pi^\mp + \nu, \mu^\pm + \pi^\mp + \nu$ 等
重粒子	核子 N 陽子	P	$\bar{P}$	± 1	½	1836	安定	
	中性子	n	$\bar{n}$	0	½	1839	0.9×10^3	$P + e^- + \bar{\nu}$
	ハイペロン ラムダ粒子	Λ	$\bar{\Lambda}$	0	½	2183	2.5×10^{-10}	$P + \pi^-, n + \pi^0$ 等
	シグマ粒子	Σ^+	$\bar{\Sigma}^+$	± 1	½	2328	0.8×10^{-10}	$P + \pi^0, n + \pi^+$ 等
		Σ^0	$\bar{\Sigma}^0$	0	½	2334	$<0.1 \times 10^{-10}$	$\Lambda + \gamma$
		Σ^-	$\bar{\Sigma}^-$	∓ 1	½	2343	1.5×10^{-10}	$n + \pi^-$
	重核子 Y クサイ粒子	Ξ^0	$\bar{\Xi}^0$	0		2573	$\sim 3.0 \times 10^{-10}$	$\Lambda + \pi^0$
		Ξ^-	$\bar{\Xi}^-$	∓ 1		2586	1.7×10^{-10}	$\Lambda + \pi^-$

崩壊形式は粒子について主なもののみを挙げてある．

較的寿命の長いものを示した．

　電子，陽子，中性微子および光子は安定であるが，その他の素粒子は自然に崩壊して軽い粒子に変っていく．始めあった粒子の数が $1/e$，すなわち $1/2.7$ に減るまでの時間が平均寿命である．10^{-10} 秒という寿命はいかにもはかない生涯に感じられるが，素粒子の世界からすれば，極めて長命であるともいえる．それは，光に近い速さで運動している素粒子が原子核を通過するのに 10^{-23} 秒くらいしか要しないからである．自由な中性子の平均寿命は約 15 分である．この中性子も原子核内にあるときには，他の核子の影響をうけて，陽子と中性子の数が適当であれば安定である．もし中性子の数が過剰になると，崩壊して電子とニュートリノとを出し，陽子に変る．

24. 素粒子

　素粒子には，同じ質量，スピン，電荷量をもち，電荷の符号のみの違う，対となる粒子がある．一方を粒子，他を**反粒子**という．電子を粒子とすれば，陽電子はその反粒子である．中性子は電荷をもっていないが，やはり反粒子がある．中性子と反中性子はストレンジネスという量の符号が異なっていると考えられている．中間子 π^0 と光子とは，共にそれ自身が粒子であり，また反粒子である．

　スピンが1/2の奇数倍である粒子を**フェルミ粒子**，1/2の偶数倍の粒子を**ボース粒子**という．軽粒子族と重粒子族はフェルミ粒子であり，光子と中間子族とはボース粒子である．フェルミ粒子は原子核や原子，分子等の建設用素材であり，ボース粒子はその間で接着剤の役割をはたしているように思える．とはいっても，フェルミ粒子とボース粒子の間にも転化が起こる．電子と陽電子とが衝突すると両方とも消滅して，その質量に相当するエネルギーをもつ光子が生ずる．またその逆に，大きいエネルギーの光子が物質中で消滅して，電子と陽電子を生じる現象も観察される．

　地球の属している銀河系では，粒子に組み分けされたものが圧倒的に多い．そのため，反粒子が生じても，直ちに粒子と一緒になって消滅してしまうのである．もしかすると，宇宙のほかの場所では，反粒子の世界があるかも知れない．

　さて，素粒子の数がだんだん増加してくるにつれて，それらをすべて素粒子とよんでよいのだろうかという疑問が生じてくる．われわれは物質の究極的要素を素粒子とよんだのではなかったか．

　これに対する解答を求める道は，大きく2つに分かれる．その1つはハイゼンベルクによって代表される．素粒子はすべて同じ素材からできている．エネルギー（原物質ともいわれる）が物質の形をとって存在し得るいろいろな型が素粒子であって，その多様性は型の多様性にほかならないというのである．これに対し，現在知られている素粒子の少数が"基本粒子"であり，他はすべてそれらの複合体であるとする立場がある．陽子，中性子およびラ

ムダ粒子とそれらの反粒子を基本粒子とする坂田模型もその1つである．

　素粒子の研究は実験的資料が次第に整理され，そこにいくつかの法則性が見出されるまでになった．現在の素粒子の研究段階は遊星（惑星）の運動がケプラーの3つの法則にまとめられたのと同じ段階にあるといった学者がいる．また，メンデレーエフ（Mendeleev，ロシア）によって元素の周期律が発見された1869年頃の化学の状態に似ているといった学者もいる．素粒子の世界に統一的理論体系を与えていくことは今後の課題である．

付表

付表1　物理学史年表

年代	力学	熱力学	電磁気学	光学	原子物理学
1500	−43 地動説（コペルニクス） −83 振り子の等時性（ガリレイ）				
1600	−04 落体の法則（ガリレイ） −09〜18 ケプラーの法則 −87 万有引力の法則・運動の法則（ニュートン）	−20 アルコール温度計 −60 ボイルの法則	−00 地磁気の理論（ギルバート）	−15 屈折の法則（スネル） −60頃 光の回折（グリマルディ） −76 光の速度（レーマー） −78 光の波動説（ホイヘンス）	
1700	−98 万有引力定数（キャベンディッシュ）	−63 比熱（ブラック） −87 シャルルの法則 −98 摩擦による発熱（ランフォード）	−33 電気の2種（デュフェー） −85〜89 クーロンの法則 −99 電池（ボルタ）		
1800	−35 正準運動方程式（ハミルトン）	−08 ドルトンの原子説 −11 アボガドロの仮説（分子） −24 カルノーの定理（カルノー） −42 エネルギー保存則・熱の仕事当量（マイヤー） −48 熱力学温度（ケルビン）	−20 電流の磁気作用（エルステッド） −26 オームの法則 −31 電磁誘導（ファラデー）	−01 光の干渉（ヤング） −17 光の横波説（ヤング） −18 光の回折理論（フレネル）	−33 電気分解の法則（ファラデー）

付表　205

熱・統計力学	電磁気学	光学	相対論・低温	原子・電子	量子論	原子核・素粒子
-50 熱力学の第2法則（クラウジウス）	-61 電磁方程式（マクスウェル）	-50 水中の光速度（フーコー）		-59 陰極線（プリッカー）		
-56 気体分子運動論（クレーニッヒ）		-64 光の電磁説（マクスウェル）シュテファン・ボルツマンの法則				
-65 エントロピーの法則（クラウジウス）ロシュミット数の決定		-84 バルマー系列		-86 陽極線（ゴールドシュタイン）		
-77 熱力学第2法則の統計学的基礎（ボルツマン）	-88 電波の実験的証明（ヘルツ）	-85 マイケルソン・モーレーの実験		-96 放射能（ベクレル）		
		-87 光電効果（ハルワックス）		-97 電子の確認（J.J.トムソン）		
		-88				
		-95 X線（レントゲン）			-00 量子概念（プランク）	
1900			-05 特殊相対論（アインシュタイン）		-05 光量子説（アインシュタイン）	-02 原子の崩壊説（ラザフォード・ソディー）
			-08 ヘリウムの液化（カマリング・オンネス）			-09 電子の電荷（ミリカン）
					-12 X線回折（ラウエ）	-13 原子の模型（ボーア）
					-23 コンプトン効果	-23 物質波の提唱（ド・ブローイ）
						-24 排他原理（パウリ）
						-25 行列力学（ハイゼンベルク）
						-26 波動力学（シュレーディンガー）
						-32 中性子（チャドウィック）陽電子（アンダーソン）原子核人工転換（コッククロフト・ウォールトン）
						-35 中間子論（湯川）
						-38 核分裂（ハーン・シュトラスマン）
						-55 反陽子の創造（セグレ）

付表 2 元素の周期表

族\周期	1 (Ia)	2 (IIa)	3 (IIIa)	4 (IVa)	5 (Va)	6 (VIa)	7 (VIIa)	8	9 VIII	10	11 (Ib)	12 (IIb)	13 (IIIb)	14 (IVb)	15 (Vb)	16 (VIb)	17 (VIIb)	18 (0)
1	1H 水素 1.008																	2He ヘリウム 4.003
2	3Li リチウム 6.941	4Be ベリリウム 9.012											5B ホウ素 10.81	6C 炭素 12.01	7N 窒素 14.01	8O 酸素 16.00	9F フッ素 19.00	10Ne ネオン 20.18
3	11Na ナトリウム 22.99	12Mg マグネシウム 24.31											13Al アルミニウム 26.98	14Si ケイ素 28.09	15P リン 30.97	16S 硫黄 32.07	17Cl 塩素 35.45	18Ar アルゴン 39.95
4	19K カリウム 39.10	20Ca カルシウム 40.08	21Sc スカンジウム 44.96	22Ti チタン 47.87	23V バナジウム 50.94	24Cr クロム 52.00	25Mn マンガン 54.94	26Fe 鉄 55.85	27Co コバルト 58.93	28Ni ニッケル 58.69	29Cu 銅 63.55	30Zn 亜鉛 65.39	31Ga ガリウム 69.72	32Ge ゲルマニウム 72.64	33As ヒ素 74.92	34Se セレン 78.96	35Br 臭素 79.90	36Kr クリプトン 83.80
5	37Rb ルビジウム 85.47	38Sr ストロンチウム 87.62	39Y イットリウム 88.91	40Zr ジルコニウム 91.22	41Nb ニオブ 92.91	42Mo モリブデン 95.94	43Tc テクネチウム (99)	44Ru ルテニウム 101.1	45Rh ロジウム 102.9	46Pd パラジウム 106.4	47Ag 銀 107.9	48Cd カドミウム 112.4	49In インジウム 114.8	50Sn スズ 118.7	51Sb アンチモン 121.8	52Te テルル 127.6	53I ヨウ素 126.9	54Xe キセノン 131.3
6	55Cs セシウム 132.9	56Ba バリウム 137.3	* 57−71 ランタノイド	72Hf ハフニウム 178.5	73Ta タンタル 180.9	74W タングステン 183.8	75Re レニウム 186.2	76Os オスミウム 190.2	77Ir イリジウム 192.2	78Pt 白金 195.1	79Au 金 197.0	80Hg 水銀 200.6	81Tl タリウム 204.4	82Pb 鉛 207.2	83Bi ビスマス 209.0	84Po ポロニウム (210)	85At アスタチン (210)	86Rn ラドン (222)
7	87Fr フランシウム (223)	88Ra ラジウム (226)	** 89−103 アクチノイド	104Rf ラザホージウム (261)	105Db ドブニウム (262)	106Sg シーボーギウム (263)	107Bh ボーリウム (264)	108Hs ハッシウム (265)	109Mt マイトネリウム (268)									

原子番号 — 1H — 元素記号
元素名 — 水素
原子量 — 1.008

安定同位体をもたない元素については( )内によく知られた放射性同位体の質量数を示した。

* ランタノイド

| 57La ランタン 138.9 | 58Ce セリウム 140.1 | 59Pr プラセオジム 140.9 | 60Nd ネオジム 144.2 | 61Pm プロメチウム (145) | 62Sm サマリウム 150.4 | 63Eu ユウロピウム 152.0 | 64Gd ガドリニウム 157.3 | 65Tb テルビウム 158.9 | 66Dy ジスプロシウム 162.5 | 67Ho ホルミウム 164.9 | 68Er エルビウム 167.3 | 69Tm ツリウム 168.9 | 70Yb イッテルビウム 173.0 | 71Lu ルテチウム 175.0 |

** アクチノイド

| 89Ac アクチニウム (227) | 90Th トリウム 232.0 | 91Pa プロトアクチニウム 231.0 | 92U ウラン 238.0 | 93Np ネプツニウム (237) | 94Pu プルトニウム (239) | 95Am アメリシウム (243) | 96Cm キュリウム (247) | 97Bk バークリウム (247) | 98Cf カリホルニウム (252) | 99Es アインスタイニウム (252) | 100Fm フェルミウム (257) | 101Md メンデレビウム (258) | 102No ノーベリウム (259) | 103Lr ローレンシウム (262) |

解　答

1

[1]　(a)

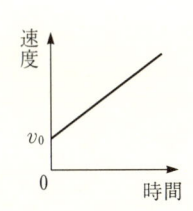

速度 vs 時間のグラフ（v_0 から始まる右上がりの直線）

　　(b)　$x = v_0 t + \dfrac{1}{2} a t^2$

[2]　240 m/s² $\left[v = 2\pi r \times 2,\ a = \dfrac{v^2}{r} = \dfrac{(2 \times 3.14 \times 1.5 \times 2)^2}{1.5} \right]$

[3]　(a)　2.5 m/s $\left[\text{中心を通過するときの速さは円周上の速さに等しいので,} \right.$
$v = \dfrac{2\pi a}{T} \times 2 \times 3.14 \times 0.2 \times \dfrac{1}{0.5} \right]$

　　(b)　1.3 rad $\left[\omega t = \dfrac{2\pi t}{T} = 2 \times 3.14 \times \dfrac{1}{0.5} \times 0.1 \right]$

2

[1]　(a)　2000 N $\left[72\,\text{km/h} = 20\,\text{m/s},\ f = m\dfrac{v^2}{r} = 500 \times \dfrac{20 \times 20}{100} \right]$

　　(b)　摩擦力

[2]　9.9 m/s² $\left[T = \dfrac{20}{10} = 2,\ g = \left(\dfrac{2\pi}{T}\right)^2 l = \left(\dfrac{2 \times 3.14}{2}\right)^2 \times 1.0 \right]$

[3]　(a)　鉛直下方に重力 A，鉛直上方にエレベータが押す力 B.

　　(b)　A の反作用，人が地球を引く力．B の反作用，人がエレベータを押す

力．
　（c）重力は変化しない．エレベータが押す力は増加する．（人の質量を m，加速度を a，エレベータの押す力を F，重力を W とすれば，$ma = F - W$．）
　（d）人が地球を引く力は変化しない．人がエレベータを押す力は増加する．

3

[1]　（a）　$2.1 : 1$　$\left[\dfrac{m}{r^2} = \dfrac{r'^2}{m'} = \dfrac{2.0 \times 10^{30}}{(1.5 \times 10^{11})^2} \times \dfrac{(3.8 \times 10^8)^2}{6.0 \times 10^{24}}\right]$

　（b）　月が引力に対して垂直の方向の速度をもっていることによる．

[2]　地球の半径の 6.7 倍

$\left[\text{人工衛星の周期は 1 日,}\ \dfrac{r^3}{T^2} = \dfrac{x^3}{T'^2},\ x^3 = \dfrac{1^2}{27^2} \times 60^3\right]$

[3]　遊星の半径を r とすれば，質量 M は $M = \dfrac{4}{3}\pi r^3 \rho$，(3.7) 式参照．

4

[1]　（a）　$\sqrt{2gh}$ m/s　$\left[mgh = \dfrac{1}{2}mv^2\right]$

　（b）　$m\sqrt{2gh'}$ kg·m/s，上向き　[床を離れるときの速さは $v' = \sqrt{2gh'}$]

　（c）　$m\sqrt{2g}(\sqrt{h'} + \sqrt{h})$ kg·m/s，上向き

[運動量の増加は $mv' - (-mv)$]

[2]　（a）　$\sqrt{lg}$ m/s

$\left[\text{点 B を位置エネルギーの基準点にとる.}\ mg \cdot \dfrac{1}{2} = \dfrac{1}{2}mv^2\right]$

　（b）　$\sqrt{lg}$ の速さで水平方向に投げ出された場合と同じ放物線

　（c）　$\sqrt{(2L - l)g}$ m/s

$\left[\text{床を位置エネルギーの基準にとる.}\ mg\left(L - \dfrac{1}{2}\right) = \dfrac{1}{2}mv^2\right]$

5

[1]　$m_1v_1 + m_2v_2 = m_1v_1' + m_2v_2'$ から $m_1(v_1 - v_1') = m_2(v_2' - v_2)$，また $v_2 - v_1 = v_1' - v_2'$ から $v_1 + v_1' = v_2 + v_2'$. 両式の辺々を掛けると，$m_1(v_1^2 - v_1'^2) = m_2(v_2'^2 - v_2^2)$ となり，この両辺に $\dfrac{1}{2}$ を掛けて移項する．

$$\frac{1}{2}m_1v_1^2 + \frac{1}{2}m_2v_2^2 = \frac{1}{2}m_1v_1'^2 + \frac{1}{2}m_2v_2'^2$$

[2]　(a)　点 A から C の方向に 0.5 m の点　$\left[x = \dfrac{2 \times 0.3 + 3(0.3 + 0.5)}{1 + 2 + 3}\right]$

　　　(b)　0.6 kg·m²
$[I = m_1r_1^2 + m_2r_2^2 + \cdots = 1 \times 0.5^2 + 2 \times 0.2^2 + 3 \times 0.3^2]$

[3]　(a)　$ma = mg - f$

　　　(b)　$a = r\dfrac{d\omega}{dt}$

　　　(c)　$\dfrac{r \cdot mg}{I + mr^2}$ rad/s²　$\left[I\dfrac{d\omega}{dt} = rf,\ (\text{a}),\ (\text{b})\ \text{の関係を代入する．}\right]$

6

[1]　0.77 m　$\left[\text{音速}\ V = 331 + 0.6 \times 15,\ \lambda = \dfrac{V}{\nu} = \dfrac{340}{440}\right]$

[2]　$2Ln$ m/s　[原音の波長は $2L$]

[3]　(a)　258 s⁻¹　$\left[\nu' = 260 \times \dfrac{340}{340 + 2}\right]$

　　　(b)　262 s⁻¹　$\left[\text{発音体が近づく場合に同じ，}\ \nu' = 260 \times \dfrac{340}{340 - 2}\right]$

　　　(c)　4 回　[262 − 258]

7

[1]　1.3 l　$\left[1 \times \dfrac{760}{500} \times \dfrac{273-20}{273+20}\right]$

[2]　0.11 kcal/kg・K　$[0.5 \times c(100.0-22.2) = 1 \times 1 \times (22.2-18.0)]$

[3]　0.05 kg　$[539x + (100-40)x = 1 \times 1 \times (40-10)]$

8

[1]　0.37 度　$[(14 \times 9.8 \times 2) \times 2 \times 20 = 7 \times x \times 4.2 \times 10^3]$

[2]　40 %　$\left[\dfrac{T_1-T_2}{T_1} = \dfrac{(227+273)-(27+273)}{227+273}\right]$

[3]　30 J/K　$\left[\dfrac{Q}{T} = \dfrac{539 \times 5 \times 4.2}{100+273}\right]$

9

[1]　58 g　$\left[\text{0°C, 1 気圧のときの体積 } V \text{ は } 44.8 \times 10^{-3} \times \dfrac{273}{273+27}, \text{ この酸素}\right.$
のモル数は $\dfrac{V}{22.4 \times 10^{-3}}$, 酸素 1 モルの質量は 32 g.$\Big]$

[2]　4.6×10^2 m/s

$\left[1 \text{ 気圧は } 1.013 \times 10^5 \text{ N/m}^2, \ v = \sqrt{\dfrac{3p}{\rho}} = \sqrt{\dfrac{3 \times 1.013 \times 10^5}{1.43}}\right]$

[3]　3.3×10^{-24} g　$\left[\text{水素 1 モルは } 2.0 \text{ g}, \ \dfrac{2.0}{6.0 \times 10^{23}}\right]$

10

[1] $\dfrac{1}{8.85} \times 10^{12}$ 本 $\left[\text{単位の正電荷を中心とする半径 } r \text{ m 上の電界の強さは} \right.$
$\left. \dfrac{1}{4\pi\varepsilon_0 r^2}, \text{球の表面積は } 4\pi r^2 \text{ m}^2, \dfrac{x}{4\pi r^2} = \dfrac{1}{4\pi\varepsilon_0 r^2} \right]$

[2] 正電荷 [静電誘導によって，金属箔に負電荷を生じ，最初からあった正電荷を一部分中和する．十分に近づくと，負電荷が多量に生じ，正電荷を中和してなお余る．よって，金属箔は負電荷によって再び開く．]

[3] （a） 1×10^5 V/m
 （b） 4.2×10^{-7} C $[Q = C(V_2 - V_1) = 4.2 \times 10^{-9} \times 100]$
 （c） 電界の強さは変化しない．電位差は増加する．

11

[1] 5.93 g $\left[\dfrac{5 \times 60 \times 60}{96490} \times \dfrac{63.54}{2} \right]$

[2] 1.206×10^7 C/kg $\left[\dfrac{96490}{8} \times 10^3 \right]$

[3] （a） 6 A
 （b） 8.6×10 kcal $\left[\dfrac{600 \times 10 \times 60}{4.2 \times 10^3} \right]$
 （c） 17 Ω $\left[R = \dfrac{V}{I} = \dfrac{100}{6} \right]$

12

[1] （a） 14 A/m $\left[H = \dfrac{I}{2r} = \dfrac{1.4}{2 \times 0.005} \right]$
 （b） 24 A/m $[14 \times \sqrt{3}]$

[2] （a） 図 CD の方向（延長線は AB の中点を通る）
 [磁束密度は距離に反比例する]

212　解　答

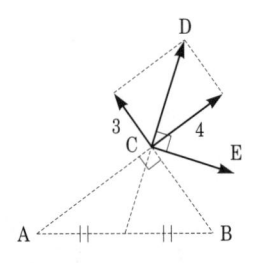

(b)　図 CE の方向（CD と CE とは垂直）[フレミングの左手の法則による]

⑬

[1]　(a)　31.4 rad/s　$[2\pi \times 5]$
　　(b)　31.4t rad
　　(c)　$0.12 \times 10^{-4} \sin 31.4t$ Wb　$[\phi = B \cdot A = 0.3 \times 10^{-4} \times 0.4 \times \sin 31.4t]$
　　(d)　$1.9 \times 10^{-2} \cdot \cos 31.4t$ V
　　$\left[V = n\dfrac{d\phi}{dt} = 50 \times 0.12 \times 10^{-4} \times 31.4 \cdot \cos 31.4t \right]$
　　(e)　1.3×10^{-2} V
[2]　270 Ω　$\left[\sqrt{100^2 + \left(5 \times 250 - \dfrac{1}{4 \times 10^{-6} \times 250}\right)^2} \right]$

⑭

[1]　(a)　$6 \times 10^7 \text{s}^{-1}$　$\left[\dfrac{3 \times 10^8}{5} \right]$
　　(b)　3.5×10^{-12} F　$\left[C = \dfrac{1}{(2\pi\nu)^2 L} = \dfrac{1}{4\pi^2 \times (6 \times 10^7)^2 \times 2 \times 10^{-6}} \right]$
[2]　75 V　[275 − 200], 5 V　[(−5) − (−10)]

解　　答　　213

15

[1]　10 cm　$\left[\dfrac{\sin i}{\sin r} = \dfrac{\text{BD/AB}}{\text{BD/CB}} \approx \dfrac{\text{CD}}{\text{AD}} = \dfrac{3}{4},\ 40 \times \dfrac{3}{4} = 30,\ \therefore\ 40 - 30 = 10\ \text{cm}\right]$

[2]　15 cm　$\left[\text{全反射の臨界角を}\ \theta\ \text{とすれば,}\ \dfrac{1}{\sin \theta} = \dfrac{4}{3},\ 13 : r = \sqrt{7} : 3\right]$

16

[1]　6×10^{-5} cm　$\left[\lambda = \dfrac{a}{b} \times 2d = \dfrac{0.6}{1000} \times 0.1\right]$

[2]　図のようになる．

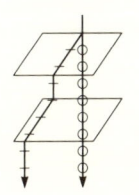

17

[1]　2.9×10^8 m/s　$\left[\theta = 21 \times \dfrac{\pi}{180 \times 60 \times 60}\ \text{rad},\ \tan \theta \approx \theta,\right.$
$\left. c = 30 \times 10^3 \times \dfrac{360 \times 60 \times 60}{21 \times 2\pi},\ \pi = \dfrac{22}{7}\right]$

[2]　3.1×10^8 m/s　$\left[(8.6 \times 10^3 \times 2) \div \left(\dfrac{1}{12.6 \times 720 \times 2}\right)\right]$

[3]　干渉縞の間隔の 0.4 倍

$\left[\text{距離は}\ 2\dfrac{u^2}{c^2}l = 2\left(\dfrac{3 \times 10^4}{3 \times 10^8}\right)^2 \times 10\ \text{m},\ 5000\ \text{Å} = 5 \times 10^{-7}\ \text{m}\right]$

18

[1]　0.866 m　$\left[l' = l\sqrt{1 - \left(\dfrac{v}{c}\right)^2} = \sqrt{\dfrac{3}{4}} \right]$

[2]　2.8×10^8 m/s（光速度の 0.94 倍）　$\left[\dfrac{m}{m_0} = \dfrac{1}{\sqrt{1 - v^2/c^2}} = 3 \right]$

19

[1]　（a）　8.2×10^{-8} N　$\left[f = \dfrac{q_1 q_2}{4\pi\varepsilon_0 r^2} = \dfrac{(1.6 \times 10^{-19})^2}{(0.53 \times 10^{-10})^2} \times 9 \times 10^9 \right]$

　　　（b）　3.6×10^{-47} N

　$\left[f = G\dfrac{m_1 m_2}{r^2} = \dfrac{6.7 \times 10^{-11} \times 9.1 \times 10^{-31} \times 9.1 \times 10^{-31} \times 1800}{(0.53 \times 10^{-10})^2} \right]$

[2]　（a）　4.8×10^{-15} J　$\left[\dfrac{1}{2} mv^2 = eV = 1.6 \times 10^{-19} \times 30000 \right]$

　　　（b）　1.03×10^8 m/s　$\left[v^2 = \dfrac{2 \times 4.8 \times 10^{-15}}{9.1 \times 10^{-31}} \right]$

20

[1]　5.3×10^3 K
[2]　図のような直線になる．直線の傾きからプランクの定数，直線とエネルギー軸との交点から仕事関数が求まる．

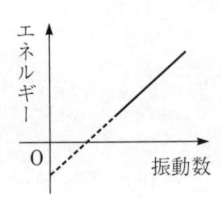

[3] 1.0×10^{-10} m $\left[\lambda = \dfrac{h}{mv} = \dfrac{6.6 \times 10^{-34}}{9.1 \times 10^{-31} \times 7.2 \times 10^{6}}\right]$

21

[1] 1.876×10^{-6} m $\left[\dfrac{1}{\lambda} = 1.097 \times 10^{7}\left(\dfrac{1}{3^{2}} - \dfrac{1}{4^{2}}\right)\right]$

[2] (a) -2.2×10^{-18} J $\left[\dfrac{-hcR}{n^{2}} = -6.6 \times 10^{-34} \times 3 \times 10^{8} \times 1.1 \times 10^{7}\right]$

(b) 2.2×10^{6} m/s $\bigg[$円運動の式 $m\dfrac{v^{2}}{r} = \dfrac{e^{2}}{4\pi\varepsilon_{0}r^{2}}$, 量子条件 $r \cdot mv = \dfrac{h}{2\pi}n$,

これより v を求める. $v = \dfrac{2\pi e^{2}}{4\pi\varepsilon_{0}h} = \dfrac{2 \times 3.14 \times (1.6 \times 10^{-19})^{2} \times 9 \times 10^{9}}{6.6 \times 10^{-34}}\bigg]$

22

[1] 1.17 Å [入射角は散乱角の半分で, $\lambda = 2d\sin 12° = 2 \times 2.81 \times 0.208$]

23

[1] 15.9 年 $\left[\dfrac{1}{8} = \left(\dfrac{1}{2}\right)^{3},\ 53 \times 3\right]$

[2] (a) 0.02926 (原子量単位) [$2(1.00759 + 1.00898) - 4.00388$]

(b) 4.371×10^{-12} J [$E = \varDelta mc^{2} = 0.02926 \times 1.660 \times 10^{-27} \times (3 \times 10^{8})^{2}$]

索　引

ア

α線　190
アボガドロ数　72
アボガドロの法則　71
アンペールの法則　100

イ

1気圧　58
1グラム原子　72
1グラム分子　72
1モル　72
イオン結合　179
イオン結晶　183
インピーダンス　111
異極結合　179
異常光　135
位相　9,45
　——角　9
　——速度　48
位置エネルギー　33
陰極線　158

ウ

ウィルソンの霧箱　173,197
ウィーンの変位法則　164
宇宙線　198
うなり　48
運動エネルギー　30

運動の法則　17
　ニュートンの——　14
運動量　28
　——のモーメント　40
　——保存の法則　38
角——　40
　　——保存の法則　40
　質点系の——　37

エ

MKSA有理単位系　81
N型半導体　186
X線　166
エネルギー準位　175
エネルギー保存の法則　34
エネルギー量子　165
エレクトロンボルト　160
エントロピー　68
　——増大の原理　68

オ

オームの法則　89
温度放射　163

カ

γ線　190

ガイガー‐ミュラー計数管　196
ガイスラー管　158
ガリレイの相対性原理　149
カルノーサイクル　65
カルノーの原理　65
回折　46
　——現象　135
　——格子　135,180
外力　36
化学当量　91
可逆変化　64
不——　64
角運動量　40
　——保存の法則　40
角周波数　109
角速度　7
核子　193
核分裂　194
核融合　195
加速度　2,4
　重力——　5
　等——運動　4
干渉　47,132
慣性　13
　——系　18
　——の法則　13,17
　——モーメント　41

索引 217

キ

気化 57
気体定数 72
気体反応の法則 71
輝線スペクトル 130
起電力 94
　——の実効値 109
　交流—— 109
　誘導—— 107
吸収スペクトル 130
共有結合 180
行列力学（マトリックス力学） 177

ク

空気中の音速 51
空格子 184
偶力 42
屈折の法則 124
屈折率 124
クーロンの法則 81
クーロン力 81
群速度 48

ケ

結合エネルギー 193
ケプラーの法則 21
ケルビン温度 65
原子価 91
原子核 188
原子空孔 184
原子番号 172
原子崩壊説 190
原子面 180

原子量 72
減衰率 191

コ

コイル 109
コンデンサー 85,110
光学的距離 128
光行差 141
光子 166
光速度一定の原理 149
光電効果 165
　——の式 166
光電子 165
光量子 166
格子間原子 185
格子面 180
剛体 41
交流起電力 109
黒体 163

サ

3極真空管 118
作用・反作用の法則 17

シ

磁界 96
　——の大きさ 98
　——の強さ 97
　——の方向 96
磁極にはたらく力 99
磁束 107
　——密度 101
磁力線 97
紫外線 129
自己インダクタンス 110
自己誘導 109
自由電子 83
仕事 29
　熱の——当量 63,94
実効値 109
　起電力の—— 109
　電流の—— 109
質点系 36
　——の運動量 37
質量 15
　——欠損 193
　——数 188
　——とエネルギーとの同等性の法則 154
　——分析 160
　静止—— 153
シャルルの法則 56
シュテファン-ボルツマンの法則 164
ジュールの法則 95
周期 9
　——律 72
周波数 109,115
　——変調 119
　角—— 109
重心 38
重力 12
　——加速度 5
主量子数 176
常光 135
状態変化 57
状態方程式 72
蒸発 57
真空管の特性曲線 118

218　索引

人工放射性元素　192
真電荷　86
振動数　9
振幅　9
　──変調　119

ス

ストークスの法則　157
スペクトル　128
　──項　174
　輝線──　130
　吸収──　130
　帯──　130
　連続──　130

セ

正孔　186
静止質量　153
静電気力　81
静電単位系　81
静電ポテンシャル　82
静電誘導　84
静電容量　85
赤外線　129
セ氏の温度　54
絶対温度　56
遷移　175

ソ

相対性　149
　──原理　149
　ガリレイの──
　　149
　時間と空間の──
　　150

相対論　148
　特殊──　150
速度　2,3
　位相──　48
　角──　7
　群──　48
　光の──　142
疎密波　45
素粒子　196

タ

ダイオード　186
帯スペクトル　130
縦波　45
単振動　9
弾性衝突　38
断熱変化　65

チ

中性子　192
中性微子
　（ニュートリノ）　191

テ

D 線　133
定圧比熱　57
定常波　47
定積比熱　57
定積モル比熱　75
定比例の法則　70
デバイ - シェラーの方法
　181
電圧　83
電位　82
　──差　83

電荷　80
　真──　86
　点──　80
　比──　93
　分極──　86
電界　81
　──の強さ　82
電解質　91
電気振動　115
　──回路　118
電気素量　156
電気抵抗　89
電気分解　90
電気力線　82
電子　159
　──殻　177
　──スピン　176
　──性半導体　184
　光──　165
　自由──　83
　陽──　192
電磁光学説　138
電磁波　117
電磁誘導　106
電束　111
　──密度　85
電波　115, 117
電流の実効値　109
電力　95
転位　184

ト

同位元素　160
等温変化　65
等加速度運動　4

索　引

等極結合　180
　　──結晶　183
等速円運動　5
透磁率　102
導体　83
特殊相対論　150
ドップラー効果　49
トランジスター　186

ナ

内部エネルギー　63
内力　36
波の重ね合せの原理　47

ニ

ニュートリノ
　（中性微子）　191
ニュートン　15
　　──の運動の第1〜3
　法則　17
　　──の運動の法則
　14
　　──の運動方程式
　14

ネ

熱機関　65
　　──の効率　65
熱の仕事当量　63,94
熱放射線　129,163
熱容量　56
熱力学温度　65
熱力学の第1法則　64
熱力学の第2法則　65

ハ

倍数比例の法則　70
パウリの排他原理　176
波数　174
波長　45
波動力学　178
波面　46
腹　48
　　定常波の──　48
半減期　191
反射　124
反粒子　202
搬送波　119
万有引力定数　23,25
万有引力の法則　23

ヒ

P型半導体　186
ビオ-サバールの法則
　99
光の速度　142
比電荷　93
比熱　56
　　定圧──　57
　　定積──　57
　　定積モル──　75
被変調波　119

フ

ファラデー定数　91
ファラデー-ノイマンの
　法則　107
ファラデーの法則　91
ファン・デル・ワールス
力　184
フェルマーの原理　127
フェルミ粒子　202
ブラウン運動　73
フラウンホーファー線
　131
ブラッグの条件　181
プランクの振動子　165
プランクの定数　165
フレミングの左手の法則
　101
不可逆変化　64
不純物半導体　186
複屈折　135
節　48
沸騰　57
振り子　16
分極　86
　　──電荷　86
分散　128
分子結晶　184
分子量　71

ヘ

β線　190
平行四辺形の法則　6
ベクトル量　6
変位　29
　　──電流　111
変調　119
　　被──波　119
偏光　136

ホ

ホイヘンスの原理　46

ボイル‐シャルルの法則
　56
ボイルの法則　55
ボース粒子　202
ボルツマン定数　75, 164
放射性元素　190
　人工——　192
放射能　190
飽和蒸気圧　58
保存力　32

マ

マクスウェルの
　電磁方程式　112
マッハ数　51
マトリックス力学（行列
　力学）　177

ユ

誘電体　83
誘導起電力　107
誘導電流　106
誘導リアクタンス　111

ヨ

陽極線　159
陽子　192
陽電子　192
容量リアクタンス　111
横波　45

リ

力学的エネルギー　34
力積　28

理想気体　55
リッツの組合せの法則
　174
リュードベリ定数　174
量子条件　175
量子力学　178
量子論　165
臨界圧力　59
臨界温度　59
臨界状態　59

レ

連続スペクトル　130
レンツの法則　106

ロ

ローレンツ収縮　146

著者略歴

1937年生まれ．茨城大学工学部金属工学科卒．（株）日立製作所日立研究所，東京都立大学工学部応用化学科，理学電機（株）応用研究室，茨城大学工学部物質工学科 等に職した．日本電子工業（1996～2011）．工学博士．茨城大学名誉教授．

物理入門

2000年11月25日	第 1 版発行
2021年 2月25日	第10版1刷発行
2025年 2月25日	第10版5刷発行

検印省略

定価はカバーに表示してあります．

増刷表示について
2009年4月より「増刷」表示を「版」から「刷」に変更いたしました．詳しい表示基準は弊社ホームページ
http://www.shokabo.co.jp/
をご覧ください．

著　者	浦尾 亮一
発行者	吉野 和浩
発行所	〒102-0081東京都千代田区四番町8-1 電話　(03) 3262－9166 株式会社　裳　華　房
印刷所	三美印刷株式会社
製本所	牧製本印刷株式会社

JCOPY 〈出版者著作権管理機構 委託出版物〉
本書の無断複製は著作権法上での例外を除き禁じられています．複製される場合は，そのつど事前に，出版者著作権管理機構（電話03-5244-5088，FAX 03-5244-5089, e-mail: info@jcopy.or.jp）の許諾を得てください．

NSPA
一般社団法人
自然科学書協会会員

ISBN 978-4-7853-2096-6

Ⓒ 浦尾亮一，2000　　Printed in Japan

本質から理解する 数学的手法

荒木 修・齋藤智彦 共著　Ａ５判／210頁／定価 2530円（税込）

　大学理工系の初学年で学ぶ基礎数学について，「学ぶことにどんな意味があるのか」「何が重要か」「本質は何か」「何の役に立つのか」という問題意識を常に持って考えるためのヒントや解答を記した．話の流れを重視した「読み物」風のスタイルで，直感に訴えるような図や絵を多用した．
　【主要目次】1. 基本の「き」　2. テイラー展開　3. 多変数・ベクトル関数の微分　4. 線積分・面積分・体積積分　5. ベクトル場の発散と回転　6. フーリエ級数・変換とラプラス変換　7. 微分方程式　8. 行列と線形代数　9. 群論の初歩

力学・電磁気学・熱力学のための 基礎数学

松下 貢 著　Ａ５判／242頁／定価 2640円（税込）

　「力学」「電磁気学」「熱力学」に共通する道具としての数学を一冊にまとめ，豊富な問題と共に，直観的な理解を目指して懇切丁寧に解説．取り上げた題材には，通常の「物理数学」の書籍では省かれることの多い「微分」と「積分」，「行列と行列式」も含めた．
　【主要目次】1. 微分　2. 積分　3. 微分方程式　4. 関数の微小変化と偏微分　5. ベクトルとその性質　6. スカラー場とベクトル場　7. ベクトル場の積分定理　8. 行列と行列式

大学初年級でマスターしたい 物理と工学の ベーシック数学

河辺哲次 著　Ａ５判／284頁／定価 2970円（税込）

　手を動かして修得できるよう具体的な計算に取り組む問題を豊富に盛り込んだ．
　【主要目次】1. 高等学校で学んだ数学の復習 －活用できるツールは何でも使おう－　2. ベクトル －現象をデッサンするツール－　3. 微分 －ローカルな変化をみる顕微鏡－　4. 積分 －グローバルな情報をみる望遠鏡－　5. 微分方程式 －数学モデルをつくるツール－　6. 2階常微分方程式 －振動現象を表現するツール－　7. 偏微分方程式 －時空現象を表現するツール－　8. 行列 －情報を整理・分析するツール－　9. ベクトル解析 －ベクトル場の現象を解析するツール－　10. フーリエ級数・フーリエ積分・フーリエ変換 －周期的な現象を分析するツール－

物理数学　[物理学レクチャーコース]

橋爪洋一郎 著　Ａ５判／354頁／定価 3630円（税込）

　物理学科向けの通年タイプの講義に対応したもので，数学に振り回されずに物理学の学習を進められるようになることを目指し，学んでいく中で読者が疑問に思うこと，躓きやすいポイントを懇切丁寧に解説している．また，物理学科の学生にも人工知能についての関心が高まってきていることから，最後に「確率の基本」の章を設けた．
　【主要目次】0. 数学の基本事項　1. 微分法と級数展開　2. 座標変換と多変数関数の微分積分　3. 微分方程式の解法　4. ベクトルと行列　5. ベクトル解析　6. 複素関数の基礎　7. 積分変換の基礎　8. 確率の基本

裳華房ホームページ　https://www.shokabo.co.jp/

物 理 定 数

重力加速度	$g = 9.80665$ m/s^2
万有引力定数	$G = 6.67430 \times 10^{-11}$ N·m^2/kg^2
太陽の質量	$S = 1.9891 \times 10^{30}$ kg
電子の静止質量	$m_e = 9.1093837 \times 10^{-31}$ kg
陽子の静止質量	$m_p = 1.67262192 \times 10^{-27}$ kg
中性子の静止質量	$m_n = 1.67492749 \times 10^{-27}$ kg
原子質量単位	$1u = 1.66053906 \times 10^{-27}$ kg
エネルギー	$1eV = 1.60217663 \times 10^{-19}$ J
1気圧	$1atm = 1.01325 \times 10^{5}$ Pa
気体1molの体積 (0°C, 1気圧)	$V_0 = 2.241396 \times 10^{-2}$ m^3/mol
1molの気体定数	$R = 8.314462$ J/K·mol
アボガドロ定数	$N_A = 6.0221407 \times 10^{23}$/mol
熱の仕事当量	$J = 4.1855$ J/cal
ボルツマン定数	$k_B = 1.380649 \times 10^{-23}$ J/K
真空中の光速	$c = 2.99792458 \times 10^{8}$ m/s
真空の誘電率	$\varepsilon_0 = 8.85418781 \times 10^{-12}$ F/m
真空の透磁率	$\mu_0 = 1.25663706 \times 10^{-6}$ N/A^2
素電荷	$e = 1.60217663 \times 10^{-19}$ C
電子の比電荷	$e/m_e = 1.75882015 \times 10^{11}$ C/kg
ボーア半径	$a_0 = 4\pi\varepsilon_0\hbar^2/m_e e^2 = 5.29177210 \times 10^{-11}$ m
ボーア磁子	$\mu_B = e\hbar/2m_e = 9.274010 \times 10^{-24}$ J/T
プランク定数	$h = 6.6260701 \times 10^{-34}$ J·s
	$\hbar = h/2\pi = 1.05457181 \times 10^{-34}$ J·s

単位の接頭語

名　称	記号	大きさ
ギガ	G	10^9
メガ	M	10^6
キロ	k	10^3
ミリ	m	10^{-3}
マイクロ	μ	10^{-6}
ナノ	n	10^{-9}